Translational
生物学

―病から学ぶ生命のしくみ―

著
山手丈至

朝倉書店

─── 書籍の無断コピーは禁じられています ───

　本書の無断複写（コピー）は著作権法上での例外を除き禁じられています。本書のコピーやスキャン画像、撮影画像などの複製物を第三者に譲渡したり、本書の一部を SNS 等インターネットにアップロードする行為も同様に著作権法上での例外を除き禁じられています。

　著作権を侵害した場合、民事上の損害賠償責任等を負う場合があります。また、悪質な著作権侵害行為については、著作権法の規定により 10 年以下の懲役もしくは 1,000 万円以下の罰金、またはその両方が科されるなど、刑事責任を問われる場合があります。

　複写が必要な場合は、奥付に記載の JCOPY（出版者著作権管理機構）の許諾取得または SARTRAS（授業目的公衆送信補償金等管理協会）への申請を行ってください。なお、この場合も著作権者の利益を不当に害するような利用方法は許諾されません。

　とくに大学等における教科書・学術書の無断コピーの利用により、書籍の流通が阻害され、書籍そのものの出版が継続できなくなる事例が増えています。

　著作権法の趣旨をご理解の上、本書を適正に利用いただきますようお願いいたします。 　　　　　　　　　　　　　　[2025 年 1 月現在]

序

コンセプト

　本書は，医学，獣医学，薬学，農学，理学，工学や，それらの境界領域の学際分野（例：生物理工学，創薬科学など），さらにコメディカル分野で生命医科学を学び始める方，そして将来このような分野を目指す高校生を対象に執筆されています．

　「Translate」＝「翻訳する」．日本語を英語に訳す際には直訳するのではなく，文章全体の意味やニュアンスなど，その背景をくみとって意訳することが重要です．日本語と英語の「橋渡し」の意味合いが「Translate」にはあります．医学領域では，基礎研究を応用や臨床研究に橋渡しする「Translational Research」が進んでいます．また「橋渡し」は異なる学術分野の融合による新たな学際領域を生み出す思案につながります．

　高校の生物（教科目：生物基礎・生物）では，生き物の多様な構造や機能の特性，また生命を維持する恒常性のしくみを学びます．その「学び」の延長線上に病の発症メカニズムを解明する「気づき」があります．逆もまた然りで，「病から生命のしくみを学ぶ」ことが本書『Translational生物学』のコンセプトになります．

細胞の正常と異常（病）

　肝臓は毒性の強いアンモニアを無害な尿素に変える機能があります．肝硬変では，体内にアンモニアがたまり，その結果脳の細胞が障害され「肝性脳症」が生じます．タンパク質は立体構造をとりますが，その構造の乱れによる疾患がプリオン病やアミロイド症，さらにアルツハイマー病などの神経変性疾患です．タンパク質の折りたたみ構造が乱れる機序を解明することは新薬の開発につながるかもしれません．

　私たち生き物は「生老病死」を避けることはできません．「Translational」の観点での「細胞の正常と異常（病）」の理解は，生き物の新たな「生命現象」の解明につながります．

到 達 目 標

　高校の生物では，要するに自分の身体の正常な構造と機能や，自分を取り巻く生態系の健全性について学びます．本書では「病」は病理学の観点で記載されています．病理学は「病の成り立ち（病理発生機序）」を明らかにすることで，病の本質を追究する学問です．執筆者の専門が獣医病理学であることから，ヒトを含むほ乳動物（イヌ，ネコ，産業動物や野生動物など）の生命現象を「Translational」の視点で比較病理学的に分かりやすく解説されています．

　本書は10章からなり，各章には下記のような到達目標を想定しています．

・第1・2章：生命物質・細胞の基本構造と，その異常について理解する
・第3章：発酵・呼吸・光合成などの代謝と，その機能異常について理解する
・第4章：遺伝情報から形質発現に至るしくみと，遺伝子の異常について理解する
・第5・6章：ほ乳類の身体の組織・器官のしくみと，その異常について理解する

・第7章：内分泌系・自律神経系・免疫系のしくみと，恒常性の破綻について理解する

・第8章：細胞増殖と，その異常による「がん」の発生のしくみを理解する

・第9章：生態系の健全性と，それが破綻した際のリスクを理解する

・第10章：病理学の概念と，病の成り立ちを理解する

　生命は神秘に満ちています．魅了され，科学的に追究すること……そこに生命医科学の醍醐味があります．生物学のステップアップにつながれば幸いです．

謝　　辞

　本書の執筆にあたりご高閲をいただいた先生方に感謝いたします．

・大阪公立大学 獣医学研究科獣医病理学教室　桑村　充教授

・同　　　　　　　　　　　　　　　　　　井澤武史准教授

　また，本書に使用した病理組織像の写真は，執筆者がこれまでに経験した症例や，所属していた研究室で長く保管されている症例になります．さまざまな動物の貴重な症例が含まれており，動物たちに感謝するとともに，教室運営に携われてこられた教員・学生の方にお礼申し上げます．

　最後に，本書を執筆するにあたり，朝倉書店編集部には多くのご助言をいただきました．ここにお礼申し上げます．

　2025年2月

著　者

目　　　次

第1章　生命物質と栄養素 ………………………………………………………… 1

1.1　糖　　　質 ……………………………… 1
1.2　糖質にかかわる病（糖質代謝障害）…… 2
1.3　脂　　　質 ……………………………… 2
1.4　脂質にかかわる病（脂質代謝障害）…… 3
1.5　タンパク質 ……………………………… 5
1.6　タンパク質にかかわる病（アミノ酸・
　　　タンパク質代謝障害）………………… 7
1.7　核　　　酸 ……………………………… 8
1.8　核酸にかかわる病（核酸代謝障害）… 9
1.9　ビタミン類 …………………………… 10
1.10　ビタミンにかかわる病
　　　　（欠乏症と過剰症）………………… 10
1.11　無機塩類（ミネラル）……………… 12
1.12　ミネラルにかかわる病 …………… 12

第2章　細胞と細胞小器官 ……………………………………………………… 14

2.1　細　胞　膜 …………………………… 15
2.2　細胞膜にかかわる病 ………………… 17
2.3　細胞小器官 …………………………… 17
2.4　細胞小器官にかかわる病 …………… 21
2.5　細　胞　骨　格 ……………………… 22
2.6　細胞骨格にかかわる病 ……………… 24
2.7　細胞外基質
　　　（細胞外マトリックス）…………… 25
2.8　細胞外基質にかかわる病 …………… 26

第3章　代　　　謝 ………………………………………………………………… 27

3.1　エネルギー代謝と同化，異化 ……… 27
3.2　酵　　　素 …………………………… 27
3.3　発　　　酵 …………………………… 29
3.4　呼　　　吸 …………………………… 29
3.5　光　合　成 …………………………… 33
3.6　代謝にかかわる病 …………………… 35

第4章　遺　　　伝 ………………………………………………………………… 38

4.1　遺　伝　子 …………………………… 38
4.2　セントラルドグマとRNA ………… 40
4.3　遺伝情報の調整 ……………………… 42
4.4　変異と先天異常 ……………………… 44
4.5　遺伝子にかかわる病 ………………… 45
4.6　遺伝子治療と核酸医薬品 …………… 49

第5章　身体の構造1（神経系・感覚器系・運動器系・消化器系）……………… 52

5.1　神　経　系 …………………………… 53
5.2　神経系にかかわる病 ………………… 56
5.3　感　覚　器　系 ……………………… 57
5.4　感覚器系にかかわる病 ……………… 61
5.5　運動器系（骨格筋・骨・関節）……… 61
5.6　運動器系にかかわる病 ……………… 65
5.7　消　化　器　系 ……………………… 66
5.8　消化器系にかかわる病 ……………… 70

第6章　身体の構造2（循環器系・呼吸器系・泌尿器系・生殖器系）……………………72

6.1　循 環 器 系 …………… 72
6.2　循環器系にかかわる病 ………… 74
6.3　呼 吸 器 系 …………… 75
6.4　呼吸器系にかかわる病 ………… 76
6.5　泌 尿 器 系 …………… 77
6.6　泌尿器系にかかわる病 ………… 80
6.7　生 殖 器 系 …………… 82
6.8　生殖器系にかかわる病 ………… 85

第7章　生体の調整機能 ……………………………………………………… 87

7.1　細胞の情報伝達 ……………… 87
7.2　内 分 泌 系 …………… 89
7.3　内分泌系にかかわる病 ………… 93
7.4　自律神経系 …………… 94
7.5　自律神経系にかかわる病 ……… 97
7.6　免 疫 系 …………… 97
7.7　免疫系にかかわる病 ………… 104
7.8　脳の高次機能 ………… 106
7.9　脳にかかわる病 ………… 110

第8章　細胞周期と腫瘍 ……………………………………………………… 112

8.1　細胞周期と体細胞分裂 ………… 112
8.2　細胞分裂にかかわる病（腫瘍）…… 114

第9章　生　態　系 ………………………………………………………… 121

9.1　生態系の構成 ………… 121
9.2　植　　　生 …………… 123
9.3　バイオーム ………… 124
9.4　生物多様性 …………… 126
9.5　人間活動と生態系 ………… 127
9.6　生態系にかかわる病
　　（環境汚染物質，公害病）………… 129
9.7　新興・再興感染症 ………… 131

第10章　病理学の概念 ……………………………………………………… 133

10.1　病理学とは ………… 133
10.2　病　　　因 …………… 134
10.3　細胞傷害の基本メカニズム ……… 135
10.4　病理学的評価法 ………… 136
10.5　動物愛護管理法 ………… 148

索　　　引 ………………………………………………………………… 149

第1章 生命物質と栄養素

生物体に含まれる主要な元素は酸素（O）・炭素（C）・水素（H）・窒素（N）である．これらに加え，微量のカルシウム（Ca）・リン（P）・硫黄（S）がある．動物細胞は，約70%を占める水（H_2O）に加え，有機化合物である糖質，脂質，タンパク質，核酸からなる．

糖質，脂質，タンパク質，ビタミン，そしてミネラル（無機塩類）は生命活動に必要な五大栄養素である．生命誕生までの化学物質の生成過程（元素→有機化合物）を化学進化という．

1.1 糖 質

糖質はC, H, Oの3元素からなり，一般式$C_n(H_2O)_m$で表される．糖質と食物繊維は総じて炭水化物とよばれる．糖質は消化されカロリーになるが，食物繊維はカロリーにはならない．糖質は，単糖，少糖，多糖に分けられる．

1.1.1 単 糖

糖質の基本構造単位（単量体）．代表例はグルコース（ブドウ糖：$C_6H_{12}O_6$）で，細胞呼吸に使われ，生体のエネルギー源となる．血中のグルコースを血糖という．ほかに果物に多いフルクトース（果糖），乳糖に含まれるガラクトース，核酸の構成成分であるリボースなどがある．五炭糖であるリボース以外は六炭糖である．

1.1.2 少 糖

単糖が2〜10個程度結合したもの．オリゴ糖ともいう．糖の結合は水酸基どうしの脱水反応（グリコシド結合あるいは配糖体結合）による（図1.1）．単糖が2分子結合すれば二糖，3分子なら三糖，4分子なら四糖とよぶ．たとえば二糖にはマルトース（麦芽糖），スクロース（ショ糖），ラクトース（乳糖）やトレハロースがある．スクロースは砂糖の主成分で緑色植物のいわば「血糖」に相当する．ラクトースはほ乳類の乳の栄養素で，腸内でグルコースとガラクトースに分解さ

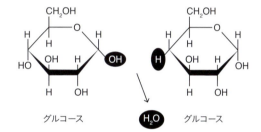

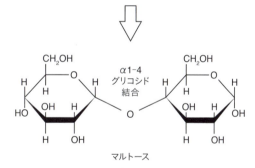

図1.1　グリコシド結合

れ吸収される．トレハロースは食品の天然保存料として重用される．

1.1.3 多 糖

単糖が数百から数千結合したもの（多量体）．デンプンやグリコーゲンなどエネルギーを貯える役割をもつ貯蔵多糖と，セルロースやキチンなど細胞を構成する構造多糖がある．

デンプンは植物の貯蔵多糖で，穀類やイモ類の主成分である．グリコーゲンは動物の貯蔵多糖で，主に肝臓と筋肉に貯えられる．セルロースは

植物の細胞壁を構成し，地上で最も大量に存在する有機物とさる．キチンは甲殻類や昆虫類の外骨格の成分である．

1.2 糖質にかかわる病（糖質代謝障害）

1.2.1 乳糖不耐症

ラクターゼの酵素欠乏によりラクトースが消化できない状態．小児では下痢と体重減少が，成人では腹部の膨満やけいれん痛，下痢，鼓腸，吐き気などを起こすことがある．

1.2.2 糖尿病（ダイアベティス）とインスリノーマ

膵臓のランゲルハンス島（膵島）のB細胞から分泌されるインスリンは血糖値を下げるホルモンである．このB細胞が自己免疫疾患などで破壊されてインスリンが不足したり（1型糖尿病），肥満や栄養過多などでインスリンの作用が不十分になる（インスリン感受性の低下：2型糖尿病）ことで高血糖が持続し，糖尿病となる（図1.2）．糖尿病患者の多くが2型とされる．高血糖により血管壁が傷つきやすくなり，腎症，末梢神経症，網膜症などを併発し，さらには循環障害により下肢末端が壊死することがある．

一方，B細胞の腫瘍であるインスリノーマが発生すると，インスリンが過剰に分泌されて逆に低血糖となる．低血糖が続くと神経細胞に障害（虚血性変性・壊死）が生じる（図1.3）．

1.2.3 グリコーゲン変性

貯蔵多糖であるグリコーゲンが異常に溜まった状態（図1.4）．糖尿病，糖原蓄積病（遺伝性疾患）や副腎皮質機能亢進症（クッシング症候群）の際の高血糖状態などにおいて肝細胞に生じる．コルチゾールなどのステロイド系副腎皮質ホルモン製剤は，副作用として肝細胞にグリコーゲン変性がみられることがある．

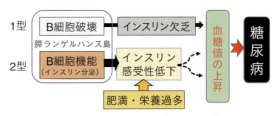

図1.2　糖尿病の病型（1型・2型）

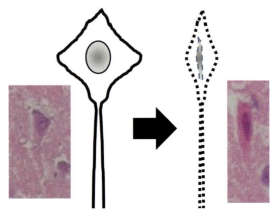

図1.3　神経細胞の虚血性変性・壊死（右）
（左は正常な神経細胞）

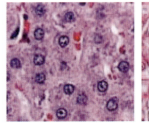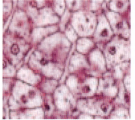

図1.4　グリコーゲン変性した肝細胞（右）
（左は正常な肝細胞）

1.3 脂　　質

脂質は糖質と同様にC，H，Oの3元素で構成されるが，Oの比率が低く，PやNを含むものもある．単純脂質と複合脂質に分けられ，前者にはトリグリセリド，後者にはリン脂質や糖脂質がある．

1.3.1 脂肪酸とトリグリセリド

脂肪酸は脂質の基本分子で，長い直鎖状の炭化水素鎖の一端にカルボキシ基が結合している．トリグリセリド（トリアシルグリセロール）は1分子のグリセロール（グリセリン）に3分子の脂肪酸がエステル結合した化学構造を有する（図1.5）．

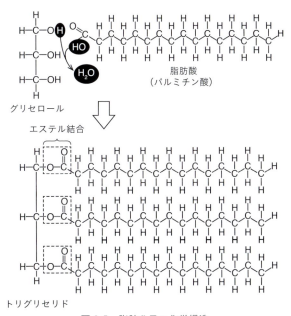

図1.5 脂肪分子の化学構造

脂肪酸は，炭素と炭素の間に二重結合（不飽和結合：まだ水素が結合しうる余地がある構造）をもつ不飽和脂肪酸と，それのない飽和脂肪酸とに大別できる．二重結合が1つだけのものを一価不飽和脂肪酸，2つ以上のものを多価不飽和脂肪酸とよぶ．多価不飽和脂肪酸のうち，リノール酸，アラキドン酸，α-リノレン酸は，栄養素として摂取する必要のある必須脂肪酸である．

天然の不飽和脂肪酸のほとんどは，二重結合がすべてシス型だが，マーガリンやショートニングなど加工油脂にはトランス型の二重結合をもつものが含まれる．トランス型不飽和脂肪酸を過剰に摂取すると，血液中のLDLコレステロールが増加（高コレステロール血症）し，HDLコレステロールが減少して，冠状動脈性の心疾患のリスクを高めるとされる．なお，LDLは低比重リポタンパク質で，HDLは高比重リポタンパク質のことである．

1.3.2 リン脂質

リン脂質はPを含み，細胞膜の主成分である．構造的には，グリセロールに結合する2つの脂肪酸残基と，3番目の水酸基に結合するリン酸基をもつ（図1.6）．リン酸基に結合する小分子によりホスファチジルコリンやホスファチジルセリンがある（図1.6）．脂肪酸残基の部位は疎水性，リン酸基と小分子の部位は親水性で，リン脂質膜は両親媒性の物質である．

1.3.3 糖脂質

糖脂質は，リン酸基の代わりに糖残基をもつ脂質で，リン脂質膜に疎水性側鎖を埋め込み，糖鎖部分を膜外に露出している．糖鎖部分は膜上に存在することから，細胞膜の安定化や細胞間相互作用を調整し，さらに膜受容体として機能する．

1.3.4 ステロイド

ステロイド核とよばれる特別な構造をもつ．代表的なものはコレステロールで，細胞膜の構成成分の一つであり，またステロイドホルモン合成の出発材料になる．ステロイドホルモンは，副腎皮質ホルモン（コルチゾールなど）や性ホルモン（テストステロン，エストラジオース）の総称．コルチゾールは糖代謝にかかわる重要なホルモンであり，抗炎症作用や免疫抑制作用があるステロイド系医薬品の成分でもある．

1.4 脂質にかかわる病（脂質代謝障害）

1.4.1 脂肪変性と脂肪肝

肝細胞内にトリグリセリド（中性脂肪）が過剰に蓄積し，肝細胞が脂肪変性に陥った状態が脂肪肝である．肝臓は通常は暗赤色であるが，脂肪肝では黄褐色に変わる（図1.7）．脂肪変性の肝細胞には，大小の空胞状の脂肪滴が蓄積する（図1.8）．うっ血による酸素欠乏，長期のアルコール摂取，高脂肪食摂取，肝毒性物質による中毒などで肝細胞に脂肪変性が生じることがある．

生活習慣病として最近話題になる非アルコール性脂肪性肝疾患は，肥満，糖尿病や高脂血症により生じる脂肪肝の状態で，進行すると炎症を伴う非アルコール性脂肪性肝炎に，さらに肝硬変や肝細胞癌に至ることがある．

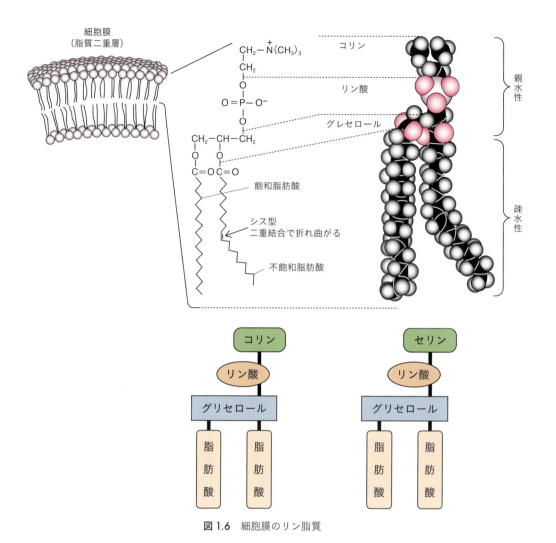

図1.6　細胞膜のリン脂質

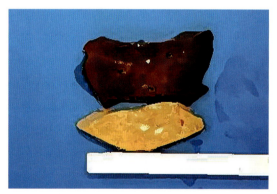

図1.7　ウシの脂肪肝の一部（下方）
　　　（上方は正常な色調の肝臓）

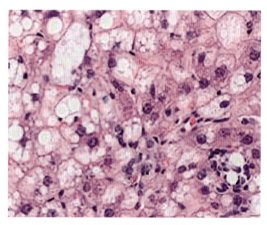

図1.8　肝細胞の脂肪変性

1.4.2　粥状動脈硬化症

動脈の内側（内膜）に中性脂肪やコレステロールが沈着し，脂質成分を貪食したマクロファージが集積し，さらに炎症や線維化が進むことで血管壁が肥厚，硬くなった状態．高血圧，糖尿病，高コレステロール血症などが危険因子とされる．肥厚した動脈の内腔は狭くなり，その結果循環障害（血栓症や梗塞）が生じやすくなる．

1.5　タンパク質

タンパク質は細胞・組織の主要な構成成分であり，C，H，Oの他にNとSを含む．酵素，抗体，ホルモンなどの身体の調節機能や運動・運搬機能など生命活動にかかわる重要な役割を担っている．

1.5.1　アミノ酸

タンパク質を構成している主要なアミノ酸は20種類ある．すべてアミノ基とカルボキシ基が同一の炭素原子（α炭素）に結合しているのでαアミノ酸とよばれ（図1.9），側鎖（R）の違いにより区

R
-NH$_2$
（アミノ基）
-COOH
（カルボキシ基）

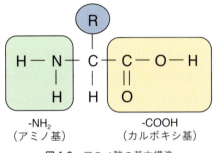

図 1.9　アミノ酸の基本構造

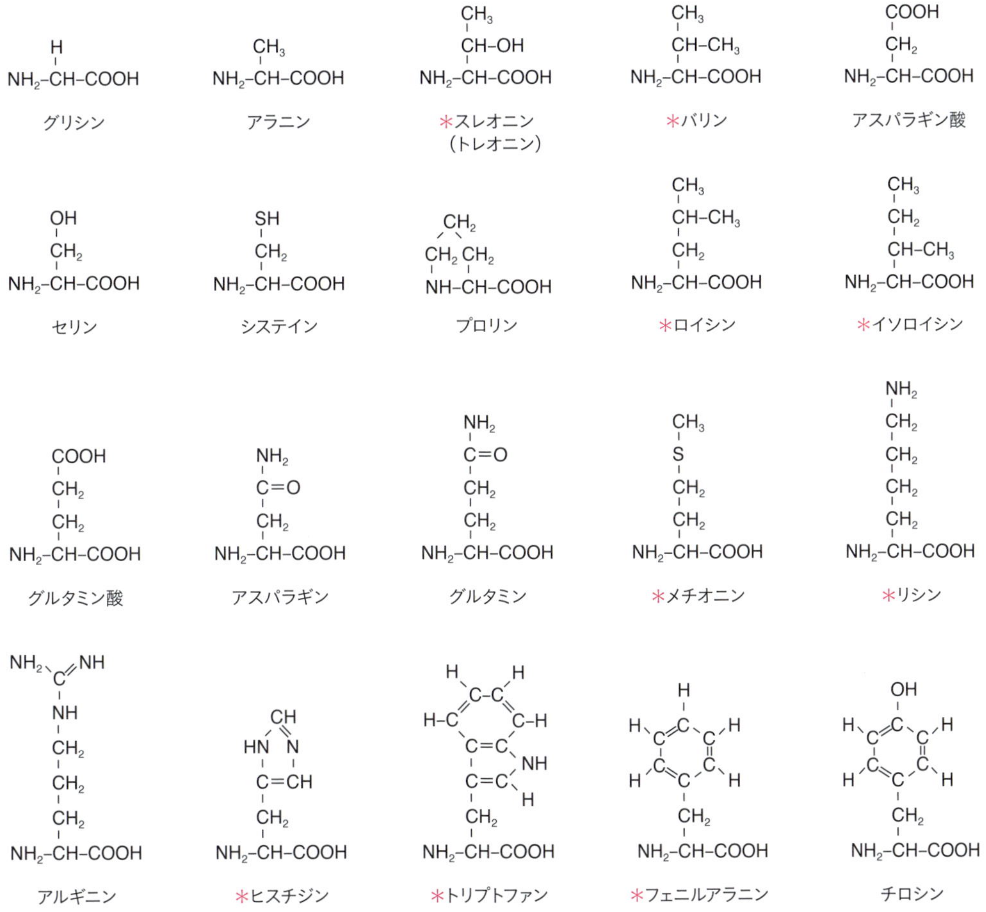

グリシン
アラニン
＊スレオニン
（トレオニン）
＊バリン
アスパラギン酸
セリン
システイン
プロリン
＊ロイシン
＊イソロイシン
グルタミン酸
アスパラギン
グルタミン
＊メチオニン
＊リシン
アルギニン
＊ヒスチジン
＊トリプトファン
＊フェニルアラニン
チロシン

図 1.10　アミノ酸
＊は必須アミノ酸．

別される（図1.10）．側鎖の性状により親水性や疎水性，さらに荷電を有するものなどがある．システインとメチオニンは硫黄（S）を含むため含硫アミノ酸といわれ，チロシン，フェニルアラニン，トリプトファンはベンゼン環を含むため芳香族アミノ酸とよばれる．トレオニン，バリン，ロイシン，イソロイシン，メチオニン，リシン，ヒスチジン，トリプトファン，フェニルアラニンの9種類は，体内で合成できない必須アミノ酸である．

1.5.2 ポリペプチド

アミノ基と酸（カルボキシ基）の脱水結合をアミド結合といい，アミノ酸同士がアミド結合してできた化合物がペプチドである．ペプチド同士の結合をペプチド結合とよび（図1.11），数十個以上のアミノ酸が結合した化合物をポリペプチドという．ポリペプチドには方向性があり，アミノ基側をN末端，カルボキシ基側をC末端とよぶ（図1.11）．

1.5.3 タンパク質の階層構造

ポリペプチドが特定の立体構造をとった有機化合物がタンパク質である．タンパク質の構造には階層があり，アミノ酸の配列そのものを一次構造とよぶ．ポリペプチドの主鎖はカルボニル基（>C＝O）のOとイミノ基（>N－H）のHの間の水素結合により，しばしば特定の繰り返し構造をつくる（二次構造）．二次構造にはポリペプチド鎖が密にコイル状になったαヘリックス（αらせん構造）と，鎖同士が平行あるいは逆平行に並ぶことで屏風のような構造を示すβシート（ジグザグ構造）の二つがある（図1.12）．

二次構造のポリペプチド鎖は側鎖間の相互結合によりさらなる立体構造をとる．これが三次構造である．三次構造には，二つのシステイン残基が酸化的に共有結合するジスルフィド結合（-S-S-）や，水素結合などの非共有結合がかかわる．三次

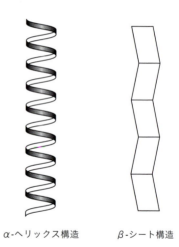

α-ヘリックス構造　　β-シート構造

図1.12　タンパク質の二次構造

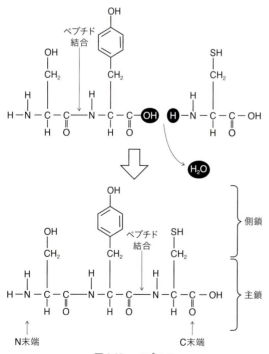

図1.11　ペプチド

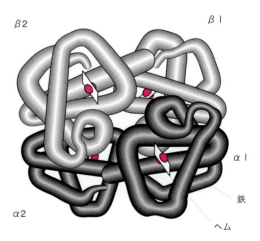

図1.13　ヘモグロビンの四次構造

構造を有する複数のポリペプチド鎖をサブユニットとして、それらが集合したタンパク質全体の構造が四次構造となる。たとえば赤血球のヘモグロビンは、αとβの2種類のポリペプチド鎖が二つずつ、合計4つのサブユニットから構成されるヘテロ四量体のタンパク質で、それぞれのサブユニットには補欠分子族として鉄原子を含むヘムが結合している（図1.13）。

1.6 タンパク質にかかわる病（アミノ酸・タンパク質代謝障害）

1.6.1 グルタミン酸神経興奮毒性

グルタミン酸は、学習や記憶といった脳高次機能や網膜での視覚伝達に重要な興奮性神経伝達物質である。グルタミン酸が過剰に存在すると神経細胞のグルタミン酸受容体が異常に活性化され、その結果過大なカルシウムイオンの流入が生じ、カルシウム依存性酵素の活性化、ミトコンドリア機能不全やアポトーシス（細胞死）などが引き起こされる。この状態がグルタミン酸による神経興奮毒性である。

1.6.2 角質変性（角化亢進症）

表皮や食道粘膜を構成する重層扁平上皮の角質の主成分はケラチンタンパク質である。重層扁平上皮の角化過程に異常が生じ、最外層にケラチンが大量に蓄積した状態が角質変性である。ビタミンAや亜鉛の欠乏で生じる角質変性は錯角化症とよばれるが、ペンだこのように慢性的な刺激で生じる生理的範囲の角化亢進もある。

1.6.3 アミロイドーシス

アミロイドは、βシート構造に富む不溶性の異常なタンパク質で、このアミロイドが細胞外に過剰に沈着した病態をアミロイドーシスという（表1.1）。血清アミロイドA（SAA）は炎症時に肝臓で生成される急性期反応タンパク質の一種で、慢性炎症では長期に亘り過剰に分泌される。反応性AA型は、結核、関節リウマチ、全身性エリテマトーデスなどの慢性的な疾患と関連して生じ、肝臓や腎糸球体などにアミロイドが沈着する（図1.14）。AL型は、免疫グロブリン（抗体）産生細胞を起源とする多発性骨髄腫の患者にみられる。高齢者に生じる野生型老人性全身性アミロイドーシス（ATTRwtアミロイドーシス）ではトランスサイレチン（TTR）を前駆体とするアミロイドが心臓、腎臓、肺などの全身諸臓器に沈着する

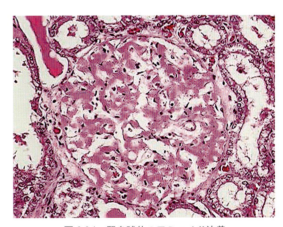

図1.14 腎糸球体のアミロイド沈着（ピンク色に染まった物質）

表1.1 おもなアミロイドーシスの病型

アミロイド症	表記	前駆体タンパク質
反応性AA型アミロイドーシス	AA	血清アミロイドA（SAA）
AL型アミロイドーシス	AL	免疫グロブリンL鎖（AL）
ATTRwtアミロイドーシス（野生型老人性全身性アミロイドーシス）	ATTR	トランスサイレチン（TTR）
アルツハイマー病（脳アミロイドーシス）	Aβ	アミロイドβ前駆タンパク質（APP）

病態である．アルツハイマー病患者の脳には，アミロイドβ（Aβ）の限局性の沈着による老人斑や脳血管病変が観察される．このAβはアミロイドβ前駆タンパク質（APP）に由来する．

1.6.4 プリオン病

プリオンタンパク質は細胞膜の構成成分で，主に中枢神経系の細胞に存在する．プリオンタンパク質の立体構造が変化した異常型プリオンが体内に入り込んだり，あるいは細胞内で合成されることで，神経細胞の正常なプリオンが次々と異常なプリオンに置換され，その結果脳機能が障害され，やがて死に至る疾患がプリオン病である．感染すると，神経細胞の細胞質に大小の空胞が形成され（図1.15），それがスポンジ状にみえることから海綿状脳症ともよばれる．ヒトのクロイツフェルト・ヤコブ病（CJD），ウシの海綿状脳症やヒツジのスクレイピーが代表例なプリオン病である．

1.7 核　　　酸

核酸は，遺伝情報を伝える情報分子で，C，H，O，NとPを含む．その構成単位がヌクレオチドである．

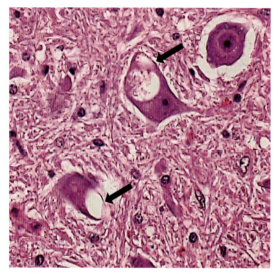

図1.15 ヒツジのスクレイピー（プリオン病）の神経細胞における空胞形成（矢印）

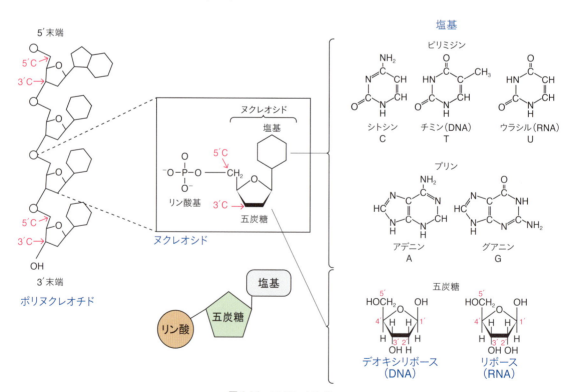

図1.16 ヌクレオチド

1.7.1 ヌクレオチド

ヌクレオチドは，糖，塩基，リン酸からなる分子である．糖は五炭糖であるリボースとデオキシリボースの2種があり，それぞれリボヌクレオチド，デオキシリボヌクレオチドを作る．塩基にはシトシン（C），チミン（T），ウラシル（U），アデニン（A），グアニン（G）の5種がある（図1.16）．

ヌクレオチドのリン酸基が別のヌクレオチドの水酸基とエステル結合し，それが連なることでポリヌクレオチド（＝核酸）が形成される．リボヌクレオチドからなるリボ核酸（RNA）と，デオキシヌクレオチドからなるデオキシリボ核酸（DNA）がある．リン酸基は二つのヌクレオチド残基の5′と3′を橋渡しすることから，核酸には方向性が生じる．それぞれの端を5′末端，3′末端とよぶ（図1.16）．

1.7.2 デオキシリボ核酸（DNA）

DNAは遺伝情報を格納している遺伝子の本体である．DNAは二重らせん構造をとる（図1.17）．これはポリヌクレオチド鎖2本が逆平行で配列しているためである．塩基はらせんの内側に突き出し，アデニン（A），グアニン（G），チミン（T），シトシン（C））の4種類の塩基が互いに対になる相手と結合（水素配合）して塩基対を形成している．その相補的な結合相手は決まっており，A–T，G–Cである．

1.7.3 リボ核酸（RNA）

RNAは遺伝情報の伝達と発現に関与する．その機能により伝令RNA（mRNA）や運搬RNA（tRNA）などがある．RNAではアデニン（A）の塩基対は，チミン（T）でなくウラシル（U）になる．

1.7.4 アデノシン三リン酸（ATP）

ATPはリボースにアデニンとリン酸基3つが結合したヌクレオチドである．生体内で化学エネルギーを運搬する分子であり，エネルギーの通貨ともよばれる．細胞内ではATPを加水分解する

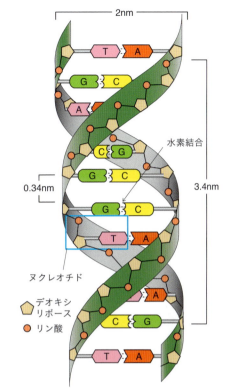

図1.17　DNAのらせん構造

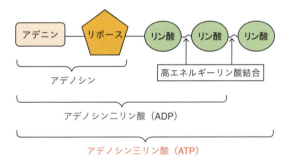

ATP + H$_2$O ⇌ ADP + H$_3$PO$_4$

図1.18　アデノシン三リン酸（ATP）

ことでエネルギーを取り出し，逆にATPを合成することでエネルギーを貯蔵する（図1.18）．

1.8 核酸にかかわる病（核酸代謝障害）

1.8.1 高尿酸血症と痛風

尿酸はプリン塩基であるアデニンとグアニンの最終代謝産物で，尿中に排泄される．痛風は，プリン代謝障害に基づいた高尿酸血症と尿酸塩の組

織への沈着による疾患で，プリン代謝物を難溶性の尿酸として排泄する鳥類や爬虫類で生じやすく，可溶性の尿酸として排泄するほ乳類では本来生じない．しかしヒトと類人猿（ゴリラやチンパンジーなど）は尿酸の酸化酵素であるウリカーゼ（尿酸オキシダーゼ）を進化の過程で消失したために痛風が生じやすい．尿酸塩は鳥類や爬虫類では腎臓や肝臓に（内臓痛風），ヒトと類人猿では主に関節に形成される（関節痛風）．尿酸塩は放射状の針状結晶として沈着し，周囲に炎症反応が生じるために，患部は腫れあがり激しい痛みを伴う（痛風結節，図1.19）．

1.9 ビタミン類

ビタミン類は，生体機能の調整において重要である．13種類のビタミンが知られている．表1.2に主なビタミン類の機能特性を示す．

ビタミンは，生化学的な特徴から脂溶性と水溶性に大別される．脂溶性ビタミンは過剰に摂取すると体内に蓄積され過剰症を引き起こす（特にビタミンAとD）一方，少ないと欠乏症が生じる．水溶性ビタミンは過剰に摂取しても排泄され病気

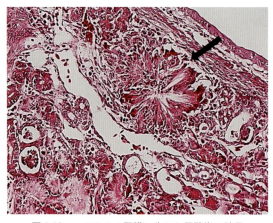

図1.19　ニワトリの腎臓に生じた尿酸塩の結晶からなる痛風結節（矢印）

表1.2　おもなビタミン類の機能特性と欠乏症・過剰症

	種類	体内でのおもな作用	欠乏症	過剰症
脂溶性ビタミン	ビタミンA	網膜にある感光色素ロドプシンの材料	夜盲症，角膜乾燥	胎児奇形，骨粗しょう症，子ウシのハイエナ病
	ビタミンD	活性型ビタミンDとして腸からのカルシウムやリンの吸収を増やし骨形成に関与	くる病（成長期）骨軟化症（成人）	転移性高カルシウム血症，骨硬化症
	ビタミンE	抗酸化作用（特に脂肪の酸化防止作用），免疫機能の調整	流産，不妊症，溶血性貧血，幼若反芻獣の白筋症，ネコの黄色脂肪症，鶏の脳軟化症	ビタミンE中毒はまれ
	ビタミンK（抗出血性ビタミン）	肝臓でのプロトロンビンの生成促進，ヒトでは大腸菌の働きで供給される	皮膚や筋肉での出血傾向，血液凝固障害	過剰に摂取しても毒性はほとんどない
水溶性ビタミン	ビタミンB_1	糖代謝に働く酵素の補酵素（異化に作用），神経系機能の働きに関与	脚気，末梢神経障害，ウェルニッケ脳症	
	ビタミンB_2（リボフラビン）	脱水素酵素の補酵素であるFADの成分	皮膚炎，口内炎，舌炎，結膜炎	
	ビタミンB_6（ピリドキシン）	アミノ基転移酵素の補酵素の成分，赤血球でヘム合成に関与	動脈硬化，貧血	
	ビタミンB_{12}（シアノコバラミン）	多数の酵素の補酵素，末梢神経の修復に関与	悪性貧血，胃切除後に欠乏症が起こることがある	
	ニコチン酸（ナイアシン）	脱水素酵素の補酵素であるNAD^+や$NADP^+$の成分	ペラグア（皮膚炎，下痢，認知障害）	
	ビタミンC（アスコルビン酸）	水素運搬体（酸化還元反応）として機能，抗酸化作用，コラーゲンを構成するアミノ酸の生成に関与	壊血病（皮膚や歯ぐき等の点状出血）	

を起こすことはないが，少ないと欠乏症となる．

1.10 ビタミンにかかわる病（欠乏症と過剰症）(表1.2)

1.10.1 ビタミンA過剰症

ビタミンAは，レチノール，レチナール，レチノイン酸の総称で，視力の暗順応，上皮細胞の分化誘導や免疫機能の増強などの生理機能がある．ビタミンAの過剰摂取により，骨の形成が阻害されることがある．特に，子ウシのビタミンA過剰症では，後肢長管骨の成長板の形成が抑制され，後肢が短くなり，見た目がハイエナのような体型となる「ハイエナ病」が知られている．また，ビタミンAの過剰摂取により，破骨細胞が活性化されることで骨粗しょう症が生じ，妊婦では胎児に先天性奇形が生じるリスクがあるとされる．

1.10.2 ビタミンB_1欠乏症

ビタミンB_1（チアミン）は，グルコースの代謝にかかわる細胞呼吸関連酵素の補酵素として重要である．代表的なビタミンB_1欠乏症である脚気は，末梢神経障害が生じ，歩行困難となり，時に心不全を起こして死に至ることがある．古くは「江戸患い」として知られた（当時，精白米を食べる習慣がある江戸や京都では，糠に豊富に含まれるビタミンB_1が欠乏し脚気になりやすかったため）．また，脚気は，明治から大正時代にも流行し，当時の軍隊でも多くの兵士が死亡したとされる．膝蓋腱反射の減弱は脚気の疑いがある．

アルコール中毒では，長期にわたる過剰なアルコール摂取により，消化管からのビタミンB_1の吸収や，肝臓でのビタミンB_1の貯蔵が妨げられ，その結果神経機能障害が生じるとされる（ウェルニッケ脳症）．肉食獣では，過度の過熱によるビタミンB_1の破壊や，チアミン分解酵素を含んだ生魚の過剰給餌によりビタミンB_1欠乏症が生じやすいとされ，イヌやネコではビタミンB_1欠乏性脳症として知られる．これら動物では脳幹部

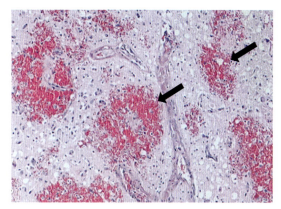

図1.20 ネコのビタミンB_1欠乏症における脳幹部の点状出血（矢印）
(Anholt H., et al., Veterinary Pathology. 2016. 53:840-843.)

位に多発性出血が生じる（図1.20）．特に野生動物であるキツネやミンクは生魚を食べることが多くチャステック麻痺として知られる．幼弱なウシやヒツジなどの反芻動物における大脳白質壊死症は，消化管内のチアミン代謝にかかわる腸内細菌の不均衡によるビタミンB_1欠乏症が原因とされる．

1.10.3 ビタミンC欠乏症

ビタミンCは，生体内の酸化還元反応に関与しており，また細胞外基質であるコラーゲンを構成するアミノ酸の生成に必須の物質とされる．ヒト，サルやモルモットなどの動物は，体内でビタミンCを合成できないことから，不足するとコラーゲンを含む血管が脆くなり，皮下組織や歯ぐきなどに出血が生じやすくなる．この状態が壊血病である．16世紀から18世紀のヨーロッパ大航海時代に，新鮮な野菜や果物の摂取量が極端に少なかった船員たちの間で流行した．

1.10.4 ビタミンD欠乏症

活性型ビタミンD_3は，腸からのカルシウムやリンの吸収を促進する．そのためにビタミンD欠乏症では，カルシウムやリンを必要とする骨形成が阻害されることになる．骨の成長期にビタミンDが欠乏すると，特に長管骨（大腿骨や前腕骨）の成長板においてカルシウムが不足することで骨形成が抑制され，骨の成長が停滞する．これ

がくる病である．くる病では，また，カルシウム
の不足により軟骨内での骨形成が阻害され，その
ために軟骨が結節状に異常に増えることがある．
特に肋骨の軟骨で目立ち数珠状に膨らむことか
ら，この状態をくる病念珠とよぶ．一方，骨の伸
長が止まった成人におけるビタミンD欠乏症で
は，カルシウム不足で骨が軟らかく脆くなる．こ
れが骨軟化症である．

1.10.5　ビタミンD過剰症

ビタミンDの過剰摂取により，腸からのカル
シウムやリンの吸収が過大となり，血液中のカル
シウム濃度が上昇して高カルシウム血症が生じ
る．増加した血中の余剰のカルシウムは，胃粘
膜，肺，腎尿細管に沈着することがあり，これを
転移性石灰沈着症という．カルシウムが沈着した
臓器は機能不全に陥る．また，骨にカルシウムが
過剰に沈着することで骨が硬くなる．これが骨硬
化症である．

1.10.6　ビタミンE欠乏症

ビタミンEは抗酸化物質として働き，フリーラ
ジカルなどの活性酸素種による細胞傷害から細胞
を保護する作用がある．ビタミンE欠乏症には，
幼若反芻獣の白筋症，ブタのマルベリー心臓病
（白筋症の一分症），ネコの黄色脂肪症，そしてニ
ワトリ雛の脳軟化症がある．白筋症やマルベリー
心臓病では，横紋筋の融解が生じ，見た目には筋
肉は白くなる．ネコの黄色脂肪症は，不飽和脂肪
酸が多いイワシやマグロの多給とビタミンEの欠
乏状態で生じやすいとされる．黄色脂肪症では，
皮下や腹腔内脂肪組織が過酸化により傷害され，
セロイド色素を貪食したマクロファージによる炎
症反応が生じる．ニワトリの脳軟化症は，小脳に
出血を伴う軟化巣が生じる．

1.11　無機塩類（ミネラル）

食物から摂取する必要があるミネラルは16種
類が知られ，「必須ミネラル」とよばれる．それ
は，カルシウム（Ca），リン（P），カリウム
（K），硫黄（S），塩素（Cl），ナトリウム（Na），
マグネシウム（Mg），鉄（Fe），亜鉛（Zn），銅
（Cu），マンガン（Mn），クロム（Cr），ヨウ素
（I），セレン（Se），モリブデン（Mo），コバル
ト（Co）である．おもなミネラルの特性を表1.3
に示す．ミネラルは，カルシウムやリンなどのよ
うに骨や歯などの硬組織の構成材料であり，また
NaClのように体液（血漿）に溶けてpHや浸透圧
を調整する機能がある．

表1.3　おもなミネラルの存在部位と機能

ミネラル	おもな存在部位と機能
Fe	ヘモグロビン，チトクロム
S	アミノ酸，タンパク質
Cl	血漿NaCl，胃酸（HCl），体液濃度の調節
Ca	骨や歯の成分，血漿，血液凝固，筋収縮
Mg	骨，血漿酵素の補助因子，神経の興奮抑制
I	甲状腺ホルモン（チロキシン）
P	タンパク質，核酸，ATP，骨，歯，神経，筋肉
Na	血漿NaCl，体液濃度の調節，活動電位の発生
K	細胞質，活動電位の発生，体液濃度の調節
Cu	銅酵素（銅イオンを含むタンパク質）の構成成分，ヘモシアニン（エビやカニ等の節足動物やイカやタコ等の軟体動物の呼吸色素）
Co	ビタミンB_{12}
Se	抗酸化作用

1.12 ミネラルにかかわる病

1.12.1 ヘモジデローシス

赤血球に含まれるヘモグロビンは分解されてヘモジデリン（血鉄素）になり，赤血球の再生において再利用される．軽度の出血部位ではヘモジデリンはマクロファージにより貪食され，排除されるが，ヘモジデリンを貪食した多量のマクロファージが集簇すると機能異常が生じる．これがヘモジデローシスである．例えば肺のうっ血水腫では，漏出性出血が生じ肺胞にヘモジデリン貪食マクロファージ（心臓病細胞とよばれる）が数多く出現することで肺機能が低下する（局所性ヘモジデローシス）（図1.21）．一方，溶血性疾患により血液中の赤血球が大量に破壊されたり，過剰な輸血や鉄の過剰摂取などで全身組織にヘモジデリンが沈着することがある．これが全身性ヘモジデローシスで，肝細胞や腎尿細管にまでヘモジデリン沈着が生じ，臓器の機能不全が生じる．

1.12.2 病的石灰化

カルシウムの存在しない組織にカルシウム塩が沈着する状態を病的石灰化（石灰沈着）という．石灰化の機序には，異栄養性石灰沈着と転移性石灰沈着がある．前者は，変性あるいは壊死に陥った組織や細胞にカルシウム塩が沈着する病態で，後者は，高カルシウム血症に続発し，増加した血漿中のカルシウム塩が胃粘膜（図1.22），腎尿細管上皮，肺などに沈着する病態である．高カルシウム血症は，ビタミンD過剰症（1.10.5参照），骨組織の破壊を伴う悪性腫瘍（骨肉腫など）や上皮小体機能亢進症（上皮小体ホルモンは骨からカルシムを溶出し血中に放出する）の際にみられる．また，高カルシウム血症は，ある種の悪性腫瘍から産生される上皮小体ホルモン関連タンパク質（PTHrP）により生じることもある．

1.12.3 銅過剰症

ヒトでは，銅輸送ATPase（*ATP7B*）の遺伝子異常によって銅が肝細胞に蓄積するWilson病がある．また，Long Evans Cinnamon（LEC）とよばれる系統のラットやベドリントン・テリア犬でも遺伝性銅過剰症が知られている．肝細胞に蓄積した銅により肝臓に炎症が生じ（図1.23），その後肝硬変に至る．

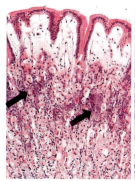
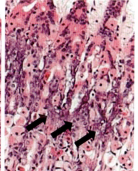

図1.22　胃粘膜における転移性石灰沈着（矢印）：（左が低倍率で右が高倍率）

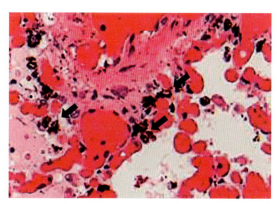

図1.21　肺胞におけるヘモジデリン（黒褐色顆粒状：矢印）を貪食したマクロファージ（局所性ヘモジデローシス）

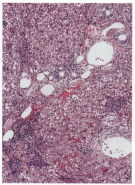
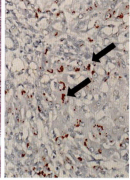

図1.23　ベドリントン・テリア犬の銅代謝異常：左は肝臓の炎症像で，右は肝細胞における銅の蓄積（矢印）

第2章 細胞と細胞小器官

　生物の基本構造単位は細胞である．細胞にはDNAをいれる核と細胞質がある．細胞質には細胞小器官が存在し，その間を細胞質基質が満たしている．細胞小器官には細胞固有の特性があり，たとえば肝細胞や腎尿細管上皮細胞ではエネルギーの産生の場であるミトコンドリアの数が多く大型である．

　生物には，細胞単独で生きる単細胞生物と，複数の細胞が相互にかかわることで生命活動を営む多細胞生物とがある．単細胞生物には，原核生物である細菌や，真核生物であるアメーバや繊毛虫などの原生動物が含まれる．多細胞生物であるヒトは40兆～60兆個の細胞からなり，神経細胞，肝細胞や血液細胞など約200種類の細胞が存在する．

　遺伝情報の本体であるDNAが細胞内にそのま

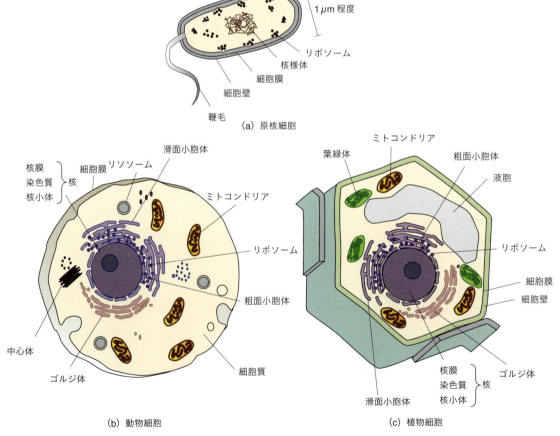

図2.1　細胞の構造

ま露出し核様の構造（核様体という）を有する細胞を原核細胞といい，大腸菌，納豆菌や古細菌（アーキア）などの細菌が相当する．原核細胞には細胞小器官がなく，細胞膜の外側に細胞壁を有する．一方，真核細胞は，DNAが核膜に包まれた細胞で，動物，植物や菌類など多くの生物の細胞が相当する．真核細胞には，細胞小器官が存在し，植物と菌類の細胞には細胞壁がある．植物細胞には細胞壁に加えて，細胞小器官として葉緑体や液胞が存在する（図2.1）．

原核細胞からなる生物を原核生物，真核細胞からなる生物を真核生物という．原核生物は地球上で最も早く出現した生物とされる．

細胞個々の単位や細胞の集まり（組織）は，光学顕微鏡で観察することができる．光学顕微鏡による観察の際には，医学領域では，通常ヘマトキシリン・エオジン染色（HE染色）を用いる（10.1.3参照）．

2.1 細胞膜

2.1.1 生体膜

動物細胞の細胞膜は外界と細胞を仕切るバリアの役割を果たすとともに，細胞内外の物質の出入を調整している．細胞小器官にも同様の膜構造があり，このような膜の基本構造は生体膜とよばれる．

生体膜は，脂質二重層に膜タンパク質が結合した構造を有し，加えて糖鎖や糖脂質，コレステロールなどを含む．脂質二重層を構成する分子は常に激しく流動しており（二次元流体），その中に膜タンパク質や糖鎖などがモザイク状に分布していることから，生体膜は流動モザイクモデルと称される（図2.2）．

2.1.2 細胞接着装置

細胞どうしの接着は，密着結合，固定結合，連絡結合の三つの様式に大別できる（図2.3）．

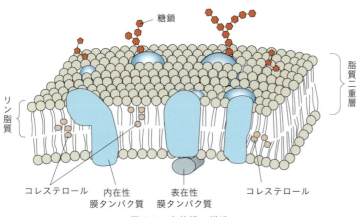

図 2.2 生体膜の構造

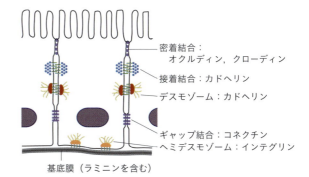

図 2.3 上皮細胞の細胞接着装置と接着タンパク質

(1) 密着結合（タイトジャンクション）

細胞間を液体が漏れないように強固に密着させる結合で，内在性膜タンパク質であるオクルディンとクローディンが関与している．消化管粘膜では密着結合により上皮細胞がシート状となり，消化した栄養分が細胞と細胞の間を漏れ出ることを防いでいる．

(2) 固定結合

接着結合，デスモゾーム，ヘミデスモゾームがある．接着結合では，膜タンパク質のカドヘリンが細胞内でアクチン線維と連結することで細胞同士が結合している．デスモゾームではカドヘリンが中間径フィラメントであるケラチンと連結することで，鋲を打つように細胞同士を円盤状につないでいる．ヘミデスモゾームは上皮細胞の基底部にある接着装置で，膜貫通タンパク質であるインテグリンが細胞外の基底層（基底膜）と連結している．

(3) 連結結合（ギャップ結合）

中空の膜貫通型タンパク質であるコネクチンが細胞膜どうしを結合している．糖やアミノ酸などの物質やイオンなどの電気信号がその孔を通過することで，細胞間の連絡が直接行われている．

(4) 上皮組織

上皮組織には，身体の自由面を覆っている表皮や，消化管・気道・泌尿生殖器などの粘膜があり，細胞間の接着装置が特に発達している．これらの組織には機械的・化学的な損傷，微生物の侵入，体液の喪失を防ぐなどのバリア機能があり，粘膜では水や電解質・栄養素などを吸収する機能もある．また，内分泌腺や外分泌腺などの腺組織も上皮細胞からなる．

上皮組織を構成する細胞は，その形態により扁平状，立方状，円柱状や移行状に，また層の構造により単層と多層に分けられる．さらに，特殊な機能を有する上皮組織として感覚上皮や粘液を分泌する杯細胞などがある．

2.1.3 細胞膜の輸送機能

細胞膜には，イオンや栄養成分を取り込んだり，不要物を排出したりする輸送機能がある．酸素，二酸化炭素などの荷電を持たない疎水性の小分子は濃度勾配による拡散によって細胞膜を通過する．一方，荷電を有するイオンや溶液物質（グルコースやアミノ酸など）は，脂質二重層を貫通している膜タンパク質を介して移動する（図2.4）．これには濃度勾配に従った受動輸送と，エネルギーを消費する能動輸送がある．

(1) 受動輸送

濃度勾配の違いによる移動で，エネルギーを消費しない．受動輸送の膜タンパク質にはチャネルと運搬体（担体）がある．イオンチャネルはNa^+，K^+，Ca^{2+}などのイオンを透過させる．水はアクアポリンとよばれるチャネルで移動し，特に水を再吸収する腎尿細管で発達している．糖やアミノ酸などは運搬体を経由し運ばれる．

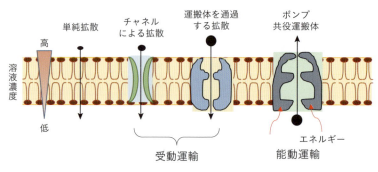

図2.4　膜輸送（受動輸送と能動輸送）

(2) 能動輸送

エネルギー（ATP）を消費して濃度勾配に関係なく物質を取り込んだり排泄したりする輸送様式で，ポンプと共役輸送体がある．ナトリウムポンプは細胞内（Na^+が少なくK^+が多い）から細胞外液（Na^+が多くK^+が少ない）へNa^+を排出し，K^+を取り込むはたらきがある．共役運搬体とは，ポンプによって汲みあげられた物質が拡散するときに放出されるエネルギーを利用し，別の物質を能動輸送する様式である．

2.2 細胞膜にかかわる病

2.2.1 クローディン16欠損症

接着タンパク質であるクローディン16は主に腎尿細管に存在し，尿細管の形成にかかわっている．ウシのクローディン16欠損症では，先天的に尿細管の形成が悪く，生後腎機能が低下し腎不全に陥る．

2.2.2 天疱瘡(てんぽうそう)

表皮や粘膜上皮に存在するカドヘリンの一種，デスモグレインに対する自己抗体による自己免疫疾患が天疱瘡である．自己抗体が，炎症細胞を伴い自身の表皮や粘膜を攻撃することから細胞間の接着が壊れ，水疱（みずぶくれ）や糜爛(びらん)が生じる．

2.2.3 細胞の水腫変性

ATP産生が低下すると，ナトリウムポンプの活性が低下し，細胞内にNa^+が貯まりK^+が流出する．その結果細胞質内浸透圧が上昇し，水分が細胞質内へ流入することで細胞が腫大（膨化）する（図2.5）．低酸素血症や化学物質による中毒の際に，肝細胞や腎尿細管で水腫変性が生じることがある．

2.3 細胞小器官

真核生物の細胞には共通した細胞小器官がある．小胞体，ゴルジ体，リソソームは，一重の生体膜（単膜）で被われており，細胞内膜系とよばれる（図2.6）．核，ミトコンドリア，葉緑体は，内膜と外膜の二重膜で被われた膜構造（複膜系）を有する．

2.3.1 小胞体とリボソーム

小胞体は，核周囲の細胞質に網目状に広がる嚢状の構造物で，核の外膜とつながっている．膜面にリボソームが付着している粗面小胞体と，リボソームを含まない滑面小胞体がある（図2.6）．

リボソームは約20nmの小顆粒状物で，リボソームRNA（rRNA）と50種類以上のタンパク質の複合体である．小胞体膜や核膜に付着している膜結合（付着）リボソームと，細胞質に散在する遊離リボソームがある．前者は膜タンパク質など細胞小器官で必要となるタンパク質の生成に，後者は細胞質基質の水溶性タンパク質の合成にかかわる．

粗面小胞体は，リボソームで合成された分泌タンパク質などを内部に保持し，修飾（立体構造を作ったり，糖を付加したりしてタンパク質を完成形にすること）を行う．

滑面小胞体には脂質合成にかかわる酵素，薬物や毒物などを代謝する酵素群が存在しており，特に肝細胞においては酸化還元反応に関与する一群の酵素としてシトクロムP450がある．化学物質が大量に取り込まれた際には，滑面小胞体が増生することで，肝細胞が肥大することがある．さら

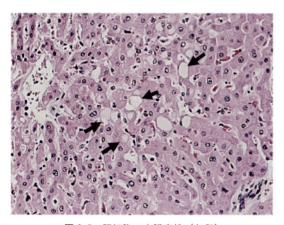

図2.5　肝細胞の水腫変性（矢印）

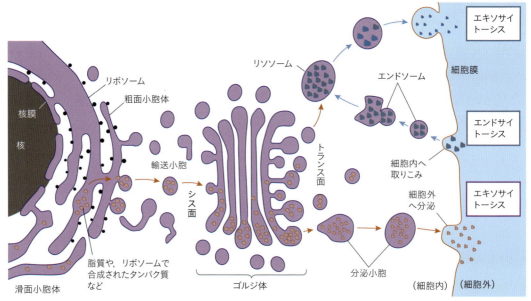

図 2.6 核膜，小胞体，ゴルジ体とリソソームの内膜系
(鈴木孝仁ほか『チャート式新生物　生物基礎・生物』数研出版，2013 を元に作図)

に，滑面小胞体には，細胞内化学信号として働くCa^{2+}が蓄えられており，刺激に応じて遊離したCa^{2+}により細胞内のさまざまな化学反応が起動する．横紋筋では，T管からの興奮刺激が筋小胞体のCa^{2+}を放出させることで，筋収縮運動がはじまる．

2.3.2　ゴルジ体

ゴルジ体は，扁平な囊状の構造物が折り重なった層板構造をしており，ゴルジ小胞とよばれる大小の滴状物がまわりに散在している．輸送小胞を受け取るシス面と分泌小胞を送り出すトランス面がある（図2.6）．ゴルジ体は細胞内の輸送体系を構成している．

粗面小胞体で生成・保持されているタンパク質や，滑面小胞体で合成される脂質類は，小胞体の一部がくびれ切り離されることで輸送小胞となり，ゴルジ体のシス面に運ばれ，癒合する．ゴルジ体の腔内を移動する間に，タンパク質は糖鎖がさらに付加されたり，膜脂質成分が合成されたりして，ふたたび膜に包まれてトランス面から出芽し，分泌小胞として細胞膜に向かって運ばれる．

分泌小胞の膜が細胞膜と癒合することで，細胞外に放出される（エキソサイトーシス）．また，ゴルジ体からは加水分解酵素を含む小胞が出芽し，リソソームが形成される．

2.3.3　リソソームとオートファゴゾーム

リソソームは，ゴルジ体の出芽により形成される径0.2～数μmの膜に包まれた小球状の袋で，プロテアーゼ，グリコシダーゼ，リパーゼなど約60種類の加水分解酵素（リソソーム酵素）を含んでおり，あらゆる種類の高分子物質を分解できる．リソソーム膜にはH^+を汲み入れるイオンポンプがあり，内部はpH4.5～5.0の酸性に保たれている．一方，細胞質のpHは約7.2であり，リソソーム膜がもし破れても，至適pHの違いによりリソソーム酵素は十分に機能せず，自己消化が起こらない仕組みになっている．

細胞は，細胞膜を陥入させることで小胞を形成し，細胞外の物質を内部に取り込む機能がある．これをエンドサイトーシス（飲食作用）といい，取り込む物質によりピノサイトーシス（飲作用；分子レベルの非顆粒状物質を取り込む）とファゴ

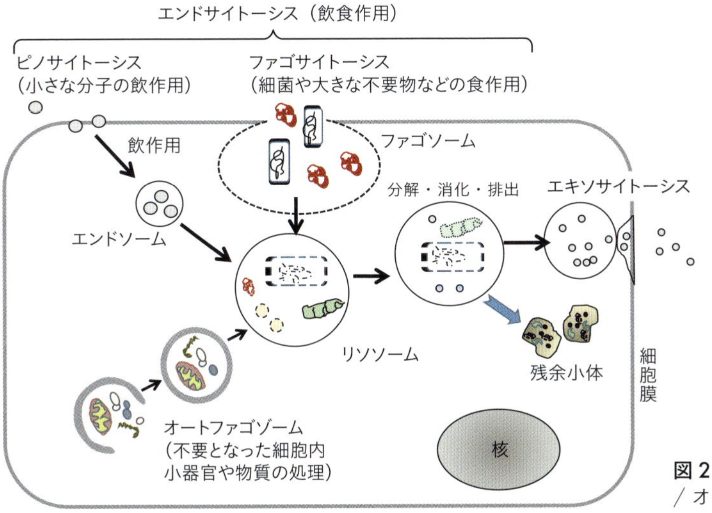

図2.7 飲食作用と，リソソーム／オートファゴゾームの関係

サイトーシス（食作用；細菌などの固形状の異物を取り込む）に大別される．取り込まれた小胞はエンドソームといわれる．特に，マクロファージや好中球などの食細胞ではファゴサイトーシスが活発で，ファゴソームを形成する．エンドソームやファゴソームは細胞内でリソソームと癒合することで，細胞外から取り込んださまざまな物質が消化・分解される（図2.7）．

一方，細胞には，細胞内で不要となった物質を処理するオートファジー（自食作用）もある（図2.7）．傷害された小器官や不要タンパク質を除去することで細胞内を更新し，健常な細胞機能を維持するシステムで，常時存在するのではなく必要に応じて作動する．不要となった物質は，二重膜構造を有するオートファゴゾームに包まれ，その後リソソームと癒合することで，二重膜構造の内膜と内容物が消化・分解される．また，オートファジーは，飢餓に陥ったとき自己の一部を分解し栄養源にすることで細胞のサバイバルにもかかわっているとされる．

リソソームで処理された物質のうちアミノ酸，糖や脂質の一部は細胞内で再利用されるが，不要な物質はエキソサイトーシスにより細胞から排出される．栄養不良や老齢の個体ではリソソームに消耗性色素（リポフスチン）が蓄積することがあ

る（残余小体）．なお，細胞からはタンパク質，マイクロRNAやmRNAを含んだエクソソーム（約100 nmの小胞）も分泌されている．

2.3.4 核

核膜は，約30 nm離れた外膜と内膜の二重の生体膜からなり，外膜の一部は小胞体膜と連続している．核膜には径50〜100 nmの核膜孔とよばれる穴があいており，この孔を通ってRNAやタンパク質が核内から細胞質へ，タンパク質が細胞質から核内に移動している．

核質には，DNA，RNA，ヒストンと，DNAあるいはRNA合成酵素などが含まれている．ヒストン分子にDNAが約2回巻き付いた単位構造

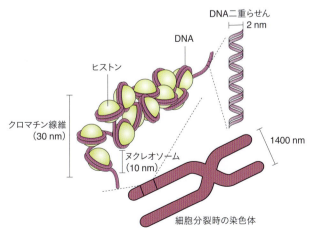

図2.8 染色体の基本構造

をヌクレオソームとよぶ．ヌクレオソームがコイル状に配列することでクロマチン線維を形成し，クロマチン線維はクロマチン（染色質）を形成する．クロマチンは細胞分裂の際には集合し染色糸となり，さらに凝集することで染色体になる（図2.8）．染色体は核酸が主成分であるため，ヘマトキシリンなどの塩基性色素に良く染まる．

　核小体は，核質に1個ないしは数個存在する．核小体ではrRNAが合成され，このrRNAが核孔を通して運びこまれたリボソームタンパク質と複合体を形成する．複合体は核孔を通って細胞質に出てリボソームの大小のサブユニットが作られる．サブユニットは結合してリボソームになる．

2.3.5　ミトコンドリア

　ミトコンドリアは，二重膜により包まれた直径0.5〜1μm，長さ数μmの小器官である（図2.9）．一つの細胞に数百から数千個あるとされる．ミトコンドリアは分裂増殖と融合を繰り返し，細胞内で動きまわっている．内膜はほとんどの物質を通さない厳密に制御された膜機能を有し，クリステとよばれるヒダ状の構造がある．内膜には細胞呼吸によるエネルギー産生にかかわる電子伝達系の酵素がある．内膜の内側がミトコンドリア基質（マトリックス）で，細胞呼吸にかかわるTCA回路（クエン酸回路）や，さらには脂肪酸のβ酸化に関与する酵素を含んでいる．また，エネルギー産生過程で発生する有害なフリーラジカルを消去するスーパーオキシドディスミュターゼ（SOD）などもマトリックスに含まれている．ミトコンドリア基質には独自の環状二本鎖DNAがある．外膜と内膜の膜間の内膜寄りには，電子伝達系の水溶性成分であるシトクロムcが局在し，細胞呼吸にかかわっている．なんらかの細胞傷害によりシトクロムcが細胞質基質に放出されるとカスパーゼが活性化することでアポトーシスによる細胞死が誘導される．

2.3.6　葉緑体

　葉緑体は，植物と藻類に含まれる直径5μm，厚さ2μmのラグビーボール状小器官で，分裂することで自己増殖する．外膜（外包膜）と内膜（内包膜）の二重の膜で被われ，内膜の内側にチラコイドが存在する．チラコイドが積み重なった層板構造がグラナ，グラナとグラナの間がストロマになる（図2.10）．

　葉緑体は光合成を行う．チラコイドの膜に粒状に存在するクロロフィル（葉緑素）で光エネルギーを取り込み水を分解する一方，ストロマでは二酸化炭素を取り込んで炭水化物の合成が行われている．前者が明反応で光リン酸化が，後者が暗反応で炭酸同化が行われる．葉緑体にも，ミトコンドリアと同様に独自のゲノムとして環状二本鎖DNAが存在する．

2.3.7　細胞内共生説

　原始的な原核細胞の細胞膜が進化の過程で細胞

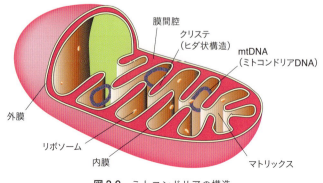

図2.9　ミトコンドリアの構造

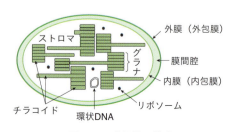

図2.10　葉緑体の構造

内に陥入しDNAを取り囲むことで，核膜を有する核が形成され，真核細胞の祖先細胞になったと考えられている．また，そのような祖先細胞にプロテオバクテリアとよばれる好気性細菌が入り込みミトコンドリアが，さらに光合成を行うシアノバクテリアが侵入し葉緑体ができたとされる．これが細胞内共生説である．その根拠としては，①どちらも独自のDNAを有し分裂して増え，②内膜と外膜の二重膜構造を有すること，③DNAの塩基配列がそれぞれの細菌に類似し，かつ細菌と同じ70Sリボソームを有することなどが挙げられる．

2.4 細胞小器官にかかわる病

2.4.1 小胞体ストレス応答

小胞体はが，タンパク質の合成や修飾にかかわっている．酸化ストレスや熱，栄養障害など細胞に何らかのストレスがかかると小胞体内腔に不良タンパク質が蓄積することがある．このようなストレスに対して小胞体ストレス応答が起きる（図2.11）．ストレスが軽度であれば不良タンパク質を分子シャペロンで修復したり，アポトーシスによる細胞死で排除することで，細胞・組織の機能を回復させる．重度の負荷が継続すると，過度の細胞死や，代謝性疾患や神経変性疾患などが引き起こされる可能性がある．

2.4.2 リソソーム機能の障害

リソソーム酵素が遺伝的に欠損すると，細胞内に不要物質が異常に蓄積する．このような疾病をリソソーム病という．例としては先天性脂質代謝異常症や糖原病があり，それぞれ脂質や糖質を分解するリソソーム酵素が遺伝的に欠損しているために，細胞内に脂質成分やグリコーゲンが蓄積し，細胞・組織機能に障害が生じる（3.6.1参照）．また，遺伝性のリソソーム欠損病として知られるチェディアック-東症候群では，白血球に巨大なリソソームが生じ，食細胞の殺菌力が低下することで，感染症になりやすい．

腎糸球体障害により原尿中に排泄されたタンパク質が尿細管で過剰に再吸収され，リソソームに異常に蓄積した結果，尿細管に小さなガラス玉のような滴状物がみられる．これが硝子滴変性である（図2.12）．老齢個体の神経細胞や，栄養不良

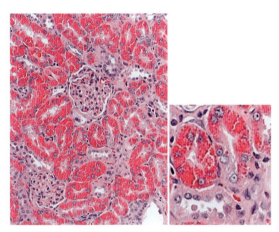

図2.12　腎尿細管の硝子滴変性（右下：拡大）

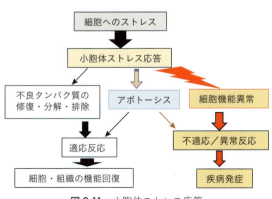

図2.11　小胞体ストレス応答

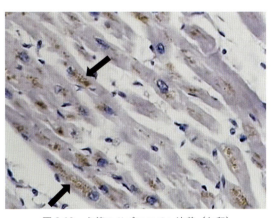

図2.13　心筋のリポフスチン沈着（矢印）

の動物の肝細胞や心筋細胞では，細胞内で不要となった脂質とタンパク質の重合体であるリポフスチンがリソソームで分解されず，細胞内に溜まることがある．リポフスチン沈着とよばれる（図2.13）．

2.4.3 母系遺伝によるミトコンドリア病

有性生殖では，精子は核のみが卵に取り込まれるため，ミトコンドリアDNAは母親のもののみが子に伝わる．ミトコンドリアの遺伝子異常に起因し，筋肉と脳に症状が現れるミトコンドリア脳筋症は母系遺伝する．

2.4.4 退緑黄化病

ウリ類退緑黄化ウイルスなどの植物ウイルスに感染すると，ウイルスのゲノム複製が葉緑体で行われるため，葉緑体数の減少やグラナ構造の消失などが生じる．その結果，葉に大小の斑点状の退緑症状が生じる．これが退緑黄化病で，メロン，キュウリ，スイカでの感染が知られている．

2.5 細胞骨格

細胞骨格は細胞の形態保持と運動機能を担う．微小管，中間径フィラメントと微小線維があり，細胞質基質において網目状のネットワークを構築している（図2.14）．

2.5.1 微小管

微小管は，αとβチューブリンの二つの球状タンパク質がヘテロ二量体を構成し，それが13本数珠状に連なった径約25nmの円筒である．円筒の一端では重合（＋端）が，他端では脱重合（－端）が生じている．核近傍にある中心体を構成するとともに，細胞内に分布することで物質輸送や小器官の局在に寄与している（図2.14）．

中心体は，1対の中心小体が直角に配置する構造体である．中心小体は，三つの微小管が連なることで一組（三連微小管）となり，それが9本環状に配列した筒状の構造をしている（図2.15）．細胞分裂の際には，両極に移動した中心体から星状体微小管と動原体微小管（紡錘糸）が伸び，それぞれ星状体と紡錘体を形成する．

また，微小管は，鞭毛虫や精子にある鞭毛，線毛上皮や原生動物にある線毛の軸糸を形成している．鞭毛の軸糸では9本の二連微小管が環状に配列し，その中心に2本の微小管がある．この構造を「9＋2構造」という．一方，ほぼ全てのほ乳類の動物細胞には「9＋0構造」の非運動性の線毛（一次線毛）がある（図2.16）．細胞周期の休止期に中心小体が細胞膜の内側に接着して基底小体となり，そこから細胞膜外側へ向けて微小管が伸長することで一次線毛が形成される．一次線毛には成長因子，ホルモン，機械的刺激などに対する多くの受容体が集まっており，細胞機能をコントロールしている．

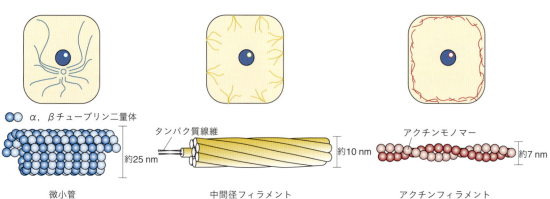

図2.14　細胞骨格

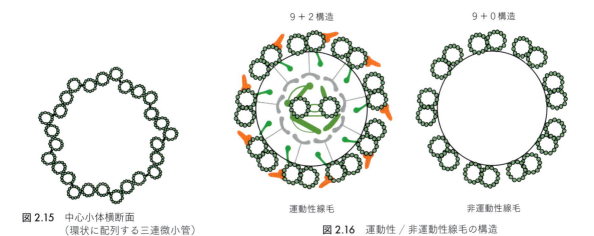

図 2.15 中心小体横断面（環状に配列する三連微小管）

図 2.16 運動性／非運動性線毛の構造

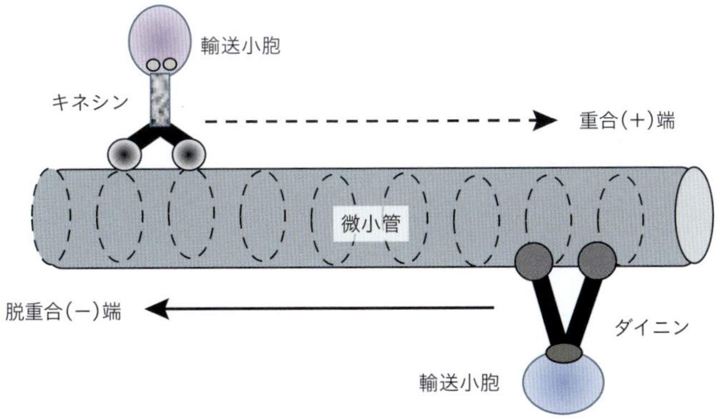

図 2.17 微小管の輸送機能

さらに，微小管は，細胞質基質の物質や細胞小器官の輸送にもかかわっている．例えば，神経軸索においては，微小管に付着するキネシン，ダイニンというモータータンパク質が，それぞれ核近傍→軸索末端方向と，その逆方向の物質輸送を担っている（図2.17）．

2.5.2 中間径フィラメント

中間径フィラメントは，微小管と微小線維の中間的な太さ（約10nm）の線維である（図2.14）．微小管や微小線維のような運動機能はないが，頑丈であることから，細胞の形態を保持し，核を固定する役割がある．細胞が死んでも中間径フィラメントの網目構造は残る．

細胞の種類により中間径フィラメントには特異性がある．上皮細胞にはケラチン（図2.18），間葉系細胞にはビメンチン，筋系にはデスミン，神

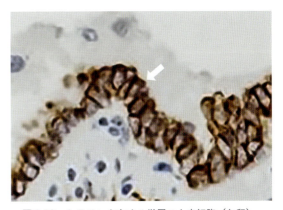

図 2.18 ケラチンを有する単層の上皮細胞（矢印）

経細胞にはニューロフィラメントがある．神経組織を構成する星状膠細胞には，中間径フィラメントとしてグリア線維性酸性タンパク質（GFAP）の存在が知られている．

2.5.3 微小線維（ミクロフィラメント）

微小線維は，直径約7nmの微細線維で，収縮

タンパク質であるアクチンという球状タンパク質が二重らせん状に連結している（図2.14）．微小管と同様に＋端と－端が存在し，アクチンタンパク質の重合と脱重合が両端で生じている．微小線維は，特に細胞膜直下に密に分布することで細胞の形態を保持し，細胞質分裂の際の収縮環では動的な機能を示す．筋肉のアクチンはミオシンと連動することで筋肉運動にかかわっている．また，微小線維は，重合と脱重合による細胞運動にもかかわっている．特にマクロファージなどの運動能の高い細胞ではアメーバ運動を行う偽足（仮足）を形成している．

2.6 細胞骨格にかかわる病

2.6.1 微小管がかかわる病
（線毛病と抗がん剤の副作用）

運動性線毛や一次線毛の遺伝的な異常は先天性疾患を引き起こす．これらを総称して線毛病という．線毛運動失調症は，微小管に結合するモータータンパク質であるダイニンの遺伝的な異常による疾患で，慢性気道炎や精子運動の低下による不妊症が生じる．また，個体形成と細胞増殖をコントロールする重要な機能がある一次線毛に遺伝子変異が生じると脳形成異常，網膜変性，内臓逆位など，さまざまな先天異常が生じることが知られている．

抗がん剤の中には，細胞分裂にかかわる微小管の機能を阻害するものがある．ビンカアルカロイド系やタキサン系などの化学療法剤は微小管のチューブリンの形成を阻害するが，一方，細胞分裂が盛んな正常な骨髄造血や毛根の増殖が抑制されるという副作用が生じる．

2.6.2 単純型表皮水疱症

表皮細胞の基底膜にあるヘミデスモゾームは，膜貫通型のインテグリンを介し細胞内のケラチンと連結することで，接着装置として機能している（図2.3）．単純型表皮水疱症は，ケラチンの遺伝的異常によりインテグリンとの結合に不具合が生じ，表皮基底細胞が剥がれ，皮膚に水疱（水ぶくれ）が生じる疾患である．

2.7 細胞外基質（細胞外マトリックス）

細胞の周囲には，細胞外基質が網目状に張りめぐらされている．細胞外基質には，コラーゲン，プロテオグリカン，エラスチン，フィブロネクチン，ラミニンなどがあり，組織の種類によりその分布に違いがある．

なお，植物細胞の細胞外基質には構造多糖であるセルロースからなる細胞壁がある．細胞壁には，セルロースを橋渡しするヘミセルロースと，細胞同士の接着に働くペクチンも含まれる．

2.7.1 コラーゲン

コラーゲン（膠原線維）は，哺乳動物の主たる細胞外基質で，3本のポリペプチド分子が形成する三重らせんがコラーゲン原線維を作り，さらに集合して丈夫なコラーゲン線維を成している．コラーゲンにはいくつかの種類がある．Ⅰ型コラーゲンは，コラーゲン全体の90％を占め，真

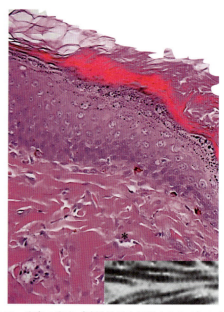

図2.19 皮膚の真皮（線維性結合組織からなる）に存在するコラーゲン（＊）とコラーゲン線維（電子顕微鏡像：右下）

皮（図2.19），靭帯，腱，骨，臓器結合組織などの主たる成分である．Ⅱ型コラーゲンは軟骨に含まれる．Ⅲ型コラーゲンはⅠ型と同様に真皮や臓器結合組織に存在するが，血管壁を構成する細胞外基質である．Ⅳ型コラーゲンは，網目状の非線維性コラーゲンで，上皮細胞の基底膜成分を構成する．

2.7.2　プロテオグリカンとグリコサミノグリカン

糖タンパク質であるプロテオグリカンは，関節や椎間板の軟骨や，硝子体液に多く含まれる．プロテオグリカンは，特定のコアタンパク質（アグリカン，ニューロカンなど）に，直鎖状の多糖鎖であるグリコサミノグリカン（GAG）が共有結合する構造を有する（図2.20）．プロテオグリカンのユニットがヒアルロン酸（これ自体GAGの一種であるが，より高分子）の鎖にたくさん結合し，Ⅱ型コラーゲンがそのヒアルロン酸の鎖に絡まるように分布することで網目状の軟骨基質が形成される．軟骨に存在する軟骨細胞は，軟骨基質の生成と維持に関与する．

2.7.3　エラスチン，フィブロネクチン，ラミニン

エラスチンは弾性線維の主成分で，コラーゲン線維を支える線維状のタンパク質である．皮膚，血管（特に大きな動脈），肺などの組織に分布している．線維芽細胞や平滑筋細胞から産生される．

フィブロネクチンは，コラーゲンなど他の成分と細胞を接着させる介在型の細胞外基質で，線維芽細胞から分泌されるタンパク質である．フィブロネクチンとコラーゲンはコラーゲン結合部位で結合している．一方，フィブロネクチンの分子構造にはトリペプチド配列（Arg-Gly-Asp）からなるRGD配列とよばれる部位があり，この部位と膜タンパク質であるインテグリンとが結合することで，細胞と細胞外基質がつながっている．

ラミニンは，Ⅳ型コラーゲンとともに，主に上皮細胞の基底膜を構成する重要な細胞外基質である．基底膜は，ヘミデスモゾームを構成するインテグリンを介し細胞と結合している．

2.7.4　結合組織

結合組織は，細胞と細胞，あるいは組織と組織の間に存在する支持組織である．細胞外基質は結合組織を構成する重要な成分となる．結合組織には，線維性結合組織，脂肪組織，骨組織や軟骨組織があり，血液も結合組織の一種である．

線維性結合組織は，皮膚の真皮などを構成する最も一般的な結合組織（図2.19）で，膠原線維（主にⅠ型コラーゲン）と弾性線維が含まれている．線維成分は線維芽細胞から産生されるが，加えて細胞成分として免疫や炎症にかかわる組織球，樹状細胞や肥満細胞などが散在している．腱も線維性結合組織であるが，膠原線維の量が多く，かつ密に配列することで強固となっている．皮下組織，血管や消化管の結合組織は疎性結合組織とよばれ，膠原線維が少なく弾性線維がより多いため弾性にすぐれる．脂肪組織は，脂肪滴を含んだ脂肪細胞からなる柔軟性・弾力性に富んだ線維性の結合組織である．

骨組織は，リン酸カルシウムが膠原線維（Ⅰ型コラーゲン）の間を充填するように存在し，極めて硬い結合組織である．骨は，膠原線維を産生する骨芽細胞と，古くなった骨基質を吸収する破骨細胞により新陳代謝が行われている．軟骨組織

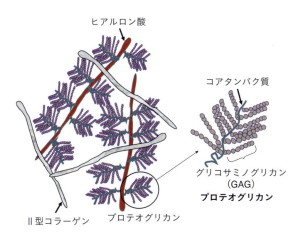

図2.20　軟骨基質の構造とプロテオグリカン

は，プロテグリカンにヒアルロン酸とⅡ型コラーゲンが巻き付く弾力性のある軟骨基質と軟骨細胞からなる．血液は，血漿と，赤血球や白血球などの細胞成分からなり，体内を循環する結合組織とされる．

2.8 細胞外基質にかかわる病

2.8.1 ケロイド，骨形成不全症

ケロイドは，例えば広範囲の皮膚の熱傷時に，その修復過程に不具合が生じ，コラーゲンが過剰に増殖するように集積することで，皮膚が肥厚し周囲にも広がり不規則にひきつったようになる状態である．

骨形成不全症は，Ⅰ型コラーゲンの遺伝子変異による疾患で，Ⅰ型コラーゲンが分布している組織，特に骨に異常が生じる．骨や歯が弱くなり，骨格が変形したり，骨折が起きやすくなる．

2.8.2 変形性関節症，遺伝性多発性骨軟骨腫

変形性関節症は，関節の軟骨が，年齢とともにすり減ったり，あるいは激しい運動により損傷することで，軟骨が欠損し関節に炎症が生じる疾患である（5.6.4参照）．慢性的に持続すれば，関節が変形し，痛み，関節のこわばり，機能障害が現れる．

遺伝性多発性骨軟骨腫は，グリコサミノグリカン（GAG）の成分であるヘパラン硫酸の合成に関与する酵素の遺伝的変異による疾患とされる．長管骨の骨端軟骨（成長板軟骨）が過剰に増生することで，骨幹端が外側に向かってコブ状に隆起する．あちこちの骨の骨端軟骨が隆起することから多発性外骨腫ともよばれる．

2.8.3 マルファン症候群

フィブリリンは，エラスチンを含む弾性線維の構造維持に必要なタンパク質である．マルファン症候群はフィブリリン遺伝子の突然変異により生じる遺伝病で，高い身長，異常に長い手足など骨格系の異常を示し，大動脈の解離や破裂が生じやすいとされる．

第3章 代謝

代謝は，生物の生命機能にかかわる重要な化学反応である．複数の化学反応が関与することが多く，そのような一連の化学反応を代謝経路という．

3.1 エネルギー代謝と同化，異化

簡単な物質から有用な有機物に作りかえる合成過程のことを同化という．同化は，エネルギーを吸収する反応で，例えば光合成の炭酸同化がある．一方，複雑な有機物をより簡単な物質に分解する過程のことを異化という．異化は，エネルギーを作りだす反応で，例えば細胞呼吸や発酵がある．

エネルギー代謝にはATP（アデノシン三リン酸，1.7節参照）がかかわる．

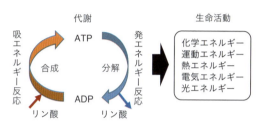

図3.1　代謝と生体エネルギー

3.1.1　ATPと高エネルギーリン酸結合

ATPは，アデニンとリボース，3個のリン酸（正リン酸）が結合した化合物である．このリン酸同士の結合を高エネルギーリン酸結合という．ATPが脱リン酸によりADP（アデノシン二リン酸）に分解される過程で多量のエネルギーが放出される．異化の過程では，ADPをATPに合成することでエネルギーを作り貯える．

3.1.2　生体エネルギー

生体のエネルギーには，化学エネルギー，運動エネルギー，熱エネルギー，電気エネルギーや光エネルギーなどがあり，生命活動に利用される（図3.1）．これらのエネルギーの移動・貯蔵や変化にATPが使われることから，ATPは生体内のエネルギーの通貨とよばれる．

3.2　酵　　素

酵素は，化学反応を促進しつつ，自身は反応前後で変化しない生体触媒である．そのほとんどがタンパク質であるが，RNAの一部に触媒活性を示すものがありリボザイムとよばれる．

3.2.1　酵素反応の特異性

酵素は，基質（反応物）と結合することで酵素－基質複合体を形成する．酵素と基質は鍵と鍵穴の関係があり，その特性を基質特異性という．また，この特異的な結合箇所を活性部位という．酵素反応の結果作られた物質を生成物とよぶ．

3.2.2　酵素反応の至適温度と至適pH

酵素による触媒反応の多くは温度とともに速度が増加し，40度前後をピークに低下する．そのピークとなる温度を至適温度という．酵素はタンパク質であり，体温より高い高温では立体構造が壊れて変性し，酵素活性が失活するためである．

また，酵素にはそれぞれの反応速度が最大となるpHもある．これを至適pHという．例えば胃内で働くペプシンはpH2付近，腸内で働くトリプシンはpH8付近が至適pHとなる．

3.2.3　補　酵　素

補酵素は，酵素の適切な活性発現に必要とされ

る低分子量の有機化合物で，コエンザイムや助酵素ともよばれる．活性発現に補酵素を必要とする酵素本体をアポ酵素，補酵素が結合したものをホロ酵素とよぶ．また，広義には，補欠分子族の中に補酵素を含めることがある．ビタミンB群の多くは細胞呼吸ではたらく脱水素酵素や脱炭酸酵素などの補酵素として作用している．

NAD^+（Nicotinamide Adenine Di-nucleotide）や$NADP^+$（Nicotinamide Adenine Di-nucleotide Phosphate）は，呼吸や光合成などの代謝における脱水素酵素の反応において，エネルギー運搬体として機能する補酵素になる．脱水素酵素は，基質から2個の水素原子（H）を取りだし，その際に，NAD^+と$NADP^+$は，1個の水素イオン（H^+）と2個の電子（e^-）と結合することで還元型のNADHやNADPHとなる．結合した電子には高いエネルギーがある（図3.2）．FAD（Flavin Adenine Di-nucleotide）も，同じ働きをするエネルギー運搬体である．

3.2.4 酵素反応の調整機構
(1) 競争的阻害
基質の化学構造がよく似た物質が存在すると，その物質が酵素の活性部位に競合的に結合し，酵素反応が阻害されることがある．

(2) フィードバック調整
酵素には，活性部位以外に調整部位よばれる構造を有するものがある．調整部位に特定の物質が結合すると，酵素の立体構造が変化して酵素反応が阻害される．このような調整部位を有する酵素をアロステリック酵素とよぶ．

複数の酵素による一連の反応過程において，最終的な生成物が反応過程初期のアロステリック酵素の調整部位に結合すると，一連の反応が停止することがある．これをフィードバック調整という（図3.3）．

3.2.5 酵素の活性部位と種類
多くの酵素は，細胞内の特定の部位（生体膜，核，細胞質基質や細胞小器官など）で機能している．生体膜にある関連する複数の酵素は，一連の反応がスムーズに進むように効率よく配列している．

酵素は，触媒する反応によって，加水分解酵素（炭水化物分解酵素，タンパク質分解酵素，脂肪分解酵素，ATP分解酵素など），酸化還元酵素（脱水素酵素，過酸化水素分解酵素など），脱離酵素（脱炭酸酵素，炭酸脱水酵素など），転移酵素

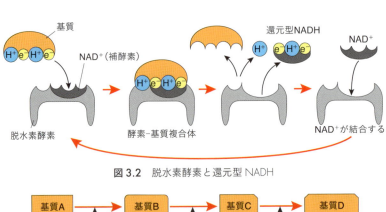

図3.2 脱水素酵素と還元型NADH

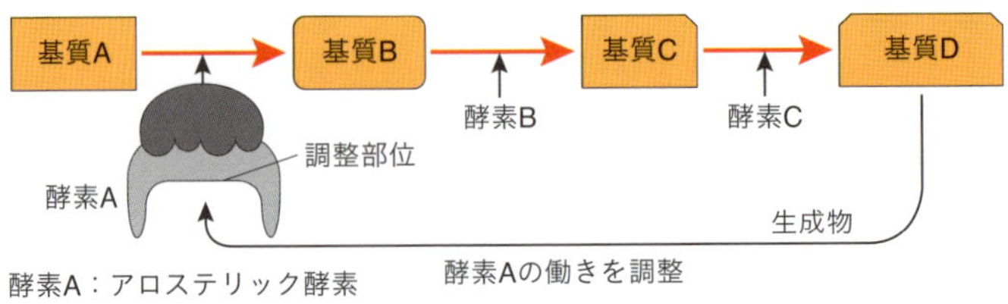

図3.3 フィードバック調整

（トランスアミナーゼなど），合成酵素（DNAリガーゼ，RNAリガーゼなど）などに分類される．なお，酸化還元反応では，酸化は，酸素との結合と，水素や電子を放出する反応で，還元は，酸素を離し，水素や電子と結合する反応である．

3.3 発　酵

　化学反応には，酸素を使わない嫌気的反応と，酸素を必要とする好気的反応がある．発酵は，細胞内で有機物を嫌気的に分解し，この際に作られるエネルギーを用いてATPを合成する反応である．よく知られているものにアルコール発酵や乳酸発酵がある．一方，酢酸菌がエタノールから酢酸を作る酢酸発酵は，例外的に酸素を必要とする反応で，区別するために酸化発酵とよぶ．

　なお，有害物質や，悪臭のある不快な物質など，ヒトにとって不都合な物質を作る発酵のことを腐敗という．

3.3.1 アルコール発酵

　酵母による発酵で，グルコースが10段階の反応を経てピルビン酸に変換され，その後脱炭酸酵素によりアセトアルデヒドに，さらに2分子のNADHによって還元されエタノールになる．よってアルコール発酵の反応は12段階ある．グルコース1分子あたり2分子のATPが生成され，また，NADHはNAD$^+$にもどり再利用される（図3.4）．

3.3.2 乳酸発酵

　乳酸菌による発酵で，アルコール発酵と同様の反応を経てグルコースからピルビン酸が生成された後，2分子のNADHによって還元されて乳酸に変わる．乳酸発酵の反応は11段階ある．グルコース1分子から2分子のATPができ，NADHはNAD$^+$にもどり再利用される（図3.4）．

3.3.3 発酵と解糖系

　アルコール発酵・乳酸発酵とも10段階目でピルビン酸が生成される．この10段階目までの反応が，細胞呼吸の前段階に相当する解糖系である．解糖系ではNAD$^+$から還元型のNADHができるが，このNADHはその後の細胞呼吸の好気的代謝においてエネルギーを獲得するために利用される．解糖系は原核微生物を含めほとんど全ての生物にあり，もっとも原始的な代謝系とされている．

　激しい運動時には筋肉で酸素が不足することから嫌気的代謝である解糖によりグリコーゲンやグルコースが分解され乳酸ができる．これは乳酸発酵と同じ反応である．

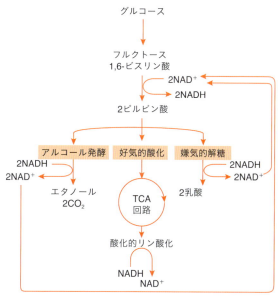

アルコール発酵
$C_6H_{12}O_6 \Rightarrow 2C_2H_5OH（エタノール） + 2CO_2 + 2ATP$
乳酸発酵（解糖）
$C_6H_{12}O_6 \Rightarrow 2C_3H_6O_3（乳酸） + 2ATP$

図3.4 発酵と好気的／嫌気的呼吸におけるNAD$^+$の再生過程

3.4 呼　吸

　鼻や口から空気を出し入れする換気を通常は呼吸という．これは外呼吸とよばれ，肺胞において酸素を取り込み，二酸化炭素を排出している．一方，外呼吸により肺から取り込んだ酸素O_2を用いて細胞内で有機物を分解（異化）し，その過程でエネルギーATPを作るとともに，二酸化炭素

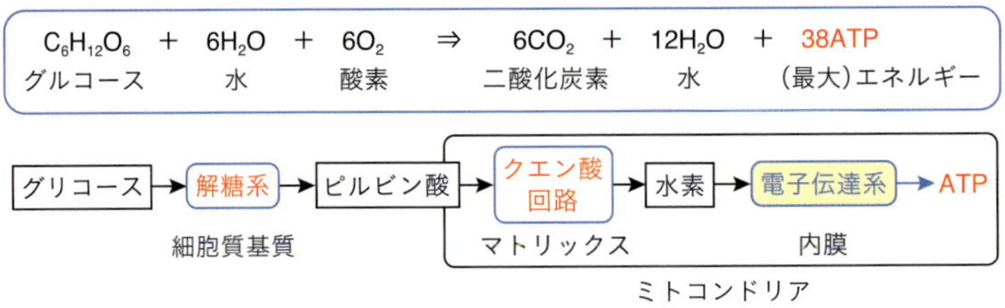

$$C_6H_{12}O_6 \;+\; 6H_2O \;+\; 6O_2 \;\Rightarrow\; 6CO_2 \;+\; 12H_2O \;+\; 38ATP$$

グルコース　　　　水　　　　　酸素　　　　二酸化炭素　　　水　　　（最大）エネルギー

グリコース → 解糖系 → ピルビン酸 → クエン酸回路 → 水素 → 電子伝達系 → ATP

細胞質基質　　　　　　　　　　　マトリックス　　　　　　　内膜

ミトコンドリア

図 3.5　細胞呼吸の概略

解糖系
$$C_6H_{12}O_6 \;+\; 2NAD^+ \;\rightarrow\; 2C_3H_4O_3 \;+\; 2NADH \;+\; 2H^+ \;+\; 2ATP$$
グルコース　　　　　　　　　　　ピルビン酸

TCA（クエン酸）回路
$$2C_3H_4O_3 \;+\; 6H_2O \;+\; 8NAD^+ \;+\; 2FAD$$
ピルビン酸 $\rightarrow\; 6CO_2 \;+\; 8NADH \;+\; 8H^+ \;+\; 2FADH_2 \;+\; 2ATP$

電子伝達系
$$10NADH \;+\; 10H^+ \;+\; 2FADH_2 \;+\; 6O_2$$
$$\rightarrow\; 10NAD^+ \;+\; 2FAD \;+\; 12H_2O \;+\; 34ATP \;(最大)$$

図 3.6　呼吸の反応

CO_2 を排出する代謝のことを細胞呼吸（内呼吸）という．生物学でいう呼吸とは多くの場合細胞呼吸のことである．嫌気性細菌を除き，ほとんどすべての生物が呼吸を行っている．呼吸は，解糖系，クエン酸回路，電子伝達系の三つの過程がある（図3.5・図3.6・図3.7）．

3.4.1　解　糖　系

解糖系は，グルコースからピルビン酸が生成されるまでの嫌気的な化学反応で，細胞質基質で行われる．この反応では，グルコースからフルクトース二リン酸を経て，2分子のグリセルアルデヒドリン酸が生じ，さらに代謝され最終的に2分子のピルビン酸ができる．解糖系の過程では，2ATPが消費されるが4ATPができ，結果2ATPが生成される．また，生成された2分子のNADHは電子伝達系に渡される（図3.6・図3.7）．

3.4.2　クエン酸回路
　　　　（TCAサイクル・クレブス回路）

クエン酸回路はミトコンドリア基質（マトリックス）で行われる反応で，解糖系で作られたピルビン酸が脱炭酸（CO_2の放出）とCoA(補酵素A)

との結合によりアセチルCoA（活性酢酸）に変わり，続いてオキサロ酢酸が結合することでクエン酸ができる．クエン酸は脱炭酸されてα-ケトグルタル酸に変わり，さらに脱炭酸されてコハク酸となる．コハク酸は，脱水素酵素によりリンゴ酸そしてオキサロ酢酸へと変わる．オキサロ酢酸は，アセチルCoAと結合することでクエン酸がまたできることになる．すなわちクエン酸を経由しクエン酸に戻る反応が「回路」の所以である．TCAサイクル，クレブス回路ともよぶ．

クエン酸回路では3か所の脱炭酸により$6CO_2$がつくられ，5か所で脱水素が起こる結果8NADHと$2FADH_2$が生成され電子伝達系へと渡る．また，2ATPが生成される（図3.6・図3.7）．

3.4.3　電子伝達系

細胞呼吸の最終段階が電子伝達系である（図3.7）．この過程では解糖系とクエン酸回路で生成された水素（NADHと$FADH_2$）が最終的に酸素と反応することで水となり，その過程で大量のATPが合成される（図3.8）．

水素は，ミトコンドリアのクリステ内膜におい

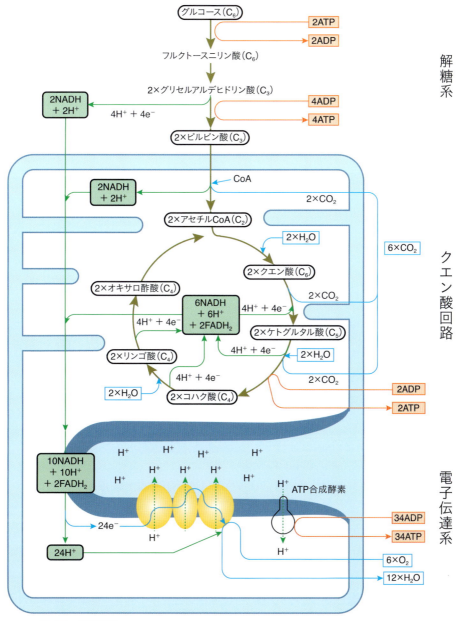

図 3.7 細胞呼吸
(鈴木孝仁ほか『チャート式新生物 生物基礎・生物』数研出版，2013 を元に作図)

て呼吸鎖複合体とよばれる4つの酵素群（複合体Ⅰ～Ⅳ）に渡され，H^+ と e^-（電子）に分かれる．この酵素群において電子 e^- は鉄を含む反応に入り込み，Fe^{3+} が e^- を取り込んで Fe^{2+} となる還元と，e^- を次に渡して Fe^{3+} となる酸化が連鎖的に生じることから電子伝達系とよばれる．

e^- が授受されるたびに H^+ は膜間（外膜と内膜の間）に送り出される．そのため膜間の H^+ の濃度が高くなり濃度勾配ができる．この勾配を利用し H^+ が ATP 合成酵素を経て基質内に流れ込むことで，ADP から ATP がつくられる．この反応を酸化的リン酸化という．グルコース1分子から34分子の ATP が生成される（図3.6）．また，H^+ 濃度勾配のエネルギーを H^+ 駆動力（プロトン駆動

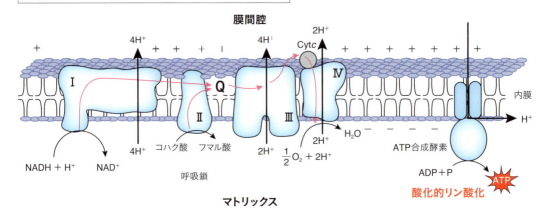

図 3.8 電子伝達系と酸化的リン酸化
Q：ユビキノン 10, Cyt c：シトクロム c

力）という．プロトン駆動力は細菌の鞭毛の回転運動にもかかわる．

　この酵素複合体の間でe^-の授受を仲介する分子に補酵素ユビキノン 10（コエンザイム Q10 ともよばれる）とシトクロム c がある．シトクロムはタンパク質とヘムからなるが，ヘムは鉄イオンをもつ色素成分で，この鉄イオンが電子の授受に関与している．電子伝達系で授受されるe^-は，シトクロム酸化酵素により酸素原子に渡され，2 個の水素イオンが結合することで水（H_2O）ができる（図 3.6・図 3.7・図 3.8）．細胞呼吸の化学反応の概略を図 3.5 に示す．

3.4.4　呼吸基質としての脂肪とタンパク質

　グルコースのみならず，脂肪やタンパク質も呼吸のための原料（呼吸基質）となる．

(1) 脂　　肪

　加水分解され，脂肪酸とグリセリンになる．脂肪酸はミトコンドリアのマトリックスにある β 酸化系の代謝経路によりアセチル CoA に分解され，クエン酸回路に入ることでエネルギー源となる．一方，グリセリンは酸化され，グリセルアルデヒド 3-リン酸を経てピルビン酸となることで同様にクエン酸回路に入る．

(2) タンパク質

　アミノ酸に分解され，さらに脱アミノ反応（$-NH_2$ がはずれる）により有機酸にかわることでエネルギー源となる．例えば，脱アミノ反応によりアラニンはピルビン酸に，グルタミン酸は α -ケトグルタル酸になりクエン酸回路に入る（図 3.9）．

3.4.5　筋肉のエネルギー代謝

　筋肉では，クレアチンリン酸が高エネルギー物質として貯蔵されている．筋収縮時において，ADP がクレアチンリン酸からリン酸（〜P）を受け取ることで ATP となり筋収縮時のエネルギー源となる．通常，筋肉で貯蔵されているグリコーゲンは呼吸により分解され，ATP が産生される．この ATP は安静時での筋肉収縮のエネルギーに使われるとともに，クレアチンに〜P を与えてクレアチンリン酸に戻す．一方，激しい運動時には，筋肉ではグリコーゲンは嫌気的解糖により分解され ATP と乳酸ができる（図 3.10）．ATP は筋収縮エネルギーに使われるが，乳酸の一部はミトコンドリアに送られクエン酸回路に入ることでエネルギー源となり，残りの乳酸はグリコーゲンに戻され筋肉や肝臓に貯蔵される．

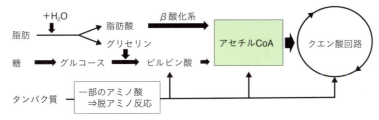

図 3.9　呼吸基質とアセチル CoA の産生経路

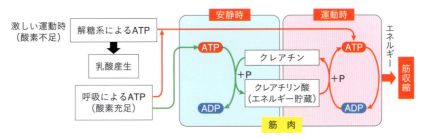

図 3.10　筋肉のエネルギー代謝

3.4.6　ATP合成酵素

ATP合成酵素は電子伝達系において，水素イオン（H$^+$）の濃度勾配により生じた回転子の回転（運動エネルギー）をATP（化学エネルギー）へと変換する装置である．膜を貫通し構造全体を支える固定子，それにつながるマトリックス側に突出した回転子と，回転子に接する触媒部分の三つからなる（図3.11）．

ミトコンドリア内膜における呼吸鎖の反応が進むにつれ，解糖系やクエン酸回路で生成されたNADHやFADH$_2$に含まれる水素イオン（H$^+$）は基質側から膜間に送り出される．すると膜間のH$^+$濃度が高くなり，基質と膜間の間でH$^+$濃度に勾配が生じる．膜間に蓄積したH$^+$はATP合成酵素を通って基質側に流れ込む．この力がプロトン駆動力（H$^+$駆動力・イオン駆動力）であり，これによって回転子の回転運動が生じる．触媒部分では回転エネルギーを利用しADPとリン酸からATPが合成される（酸化的リン酸化）．

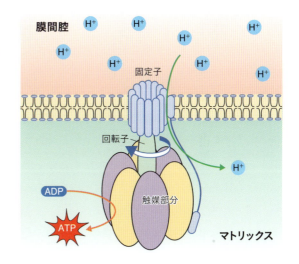

図 3.11　電子伝達系における ATP 合成装置

3.5　光合成

光合成は，光エネルギーを利用し，二酸化炭素と水から有機物を合成する化学反応で，植物や藻類に備わっている代謝である．光合成は葉緑体のチラコイド膜での明反応とストロマでの暗反応の二つのプロセスからなる（図3.12）．

3.5.1　チラコイド膜での反応（明反応）

植物では，光エネルギーを吸収する色素成分としてクロロフィル（a, b）やカロテノイド（カロ

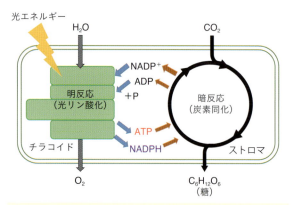

図 3.12 光合成の概略

性化されることで電子（e^-）が放出される．この段階が明反応になる（図3.13）．

光化学反応により電子が放出されると，反応中心では水H_2Oが分解され，H^+とさらなる電子の放出，加えてO_2が生じる．この反応は主に光化学系IIで行われる．この水の分解によってできた電子は次々と光化学系IIからIへと移動する．最後に，電子とH^+はチラコイド膜で$NADP^+$を還元することでNADPHを生成し，このNADPHが暗反応において利用される（図3.13）．この過程における酸素とNADPHの生成をヒル反応という．

チラコイド膜で光化学系IIからIへと電子が流れる間にH^+がチラコイド膜の外側（ストロマ）からチラコイド内腔に取り込まれる．溜まったH^+は，チラコイド膜にあるATP合成酵素を通り抜け，その度にATPが作られる．この反応が光リン酸化とよばれる．

3.5.2 ストロマでの反応（暗反応）

光を必要としないことから暗反応とよばれ，ホスホグリセリン酸（PGA）から始まりPGAに終わるカルビン・ベンソン回路が中心となる．

この回路では，リブロース二リン酸（C_5化合物）に二酸化炭素$6CO_2$が加わりC_6化合物ができ，二分されることでC_3化合物であるPGAができる．この二酸化炭素の取り込みを炭酸同化（あるいは炭素固定）とよぶ．この炭酸固定に働く酵

テン，キサントフィル）がある．クロロフィルaはマグネシウム原子を有する化合物で，青緑色を呈し，光合成で中心的な働きをする．クロロフィルbやカロテノイドは，吸収したエネルギーを反応中心のクロロフィルaに渡す機能を有する補助色素として働く．

チラコイド膜には2種類の複合タンパク質（光化学系Iと光化学系II）がある．これらは補助色素からなるアンテナ複合体（集光性複合体）とその中心にクロロフィルaを含む反応中心からなる．アンテナ複合体により取り込まれた光エネルギーは，反応中心に集まり，クロロフィルaが活

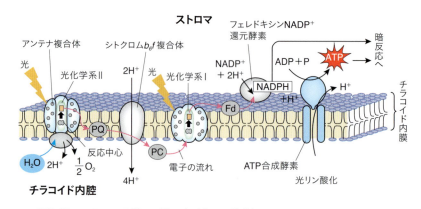

図 3.13　チラコイド膜での明反応（光リン酸化）
PQ：プラストキノン，PC：プラストシアニン，Fd：フェレドキシン

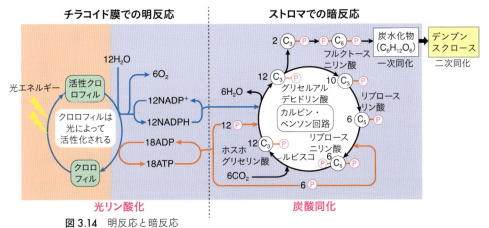

図 3.14 明反応と暗反応
ルビスコ（Rubisco）：リブロースビスリン酸カルボキシラーゼ／オキシゲナーゼ

素がルビスコである．PGAはチラコイド膜の反応で生成されたエネルギーATPを用いて還元され，その結果C_3化合物のグリセルアルデヒド酸とH_2Oができる．回路から外れた一部のグリセルアルデヒド酸は，いくつかの反応を経てC_6化合物であるフルクトース二リン酸，そして炭水化物となる（図3.14）．

3.5.3 一次同化と二次同化

光合成では，カルビン・ベンソン回路でのグリセルアルデヒドリン酸からフルクトース二リン酸を経て炭水化物（$C_6H_{12}O_6$）が合成される．この過程が一次同化とよばれる．さらに最終産物として，双子葉類の葉では主にデンプンができ（デンプン葉），単子葉類ではスクロースができる（糖葉）．単糖類からデンプンのような多糖ができるこのような過程を二次同化とよぶ（図3.14）．

3.5.4 C_3，C_4，CAM植物

(1) C_3植物

通常の光合成は，上記したようにCO_2がカルビン・ベンソン回路に直接取り込まれC_3化合物が作られる反応である．温帯植物の多くがこのタイプの光合成を行い，C_3植物とよばれる．

(2) C_4植物

サトウキビやトウモロコシなどの熱帯性植物は強光・高温に適応するために，CO_2を濃縮する回路（C_4回路）がある．すなわち，CO_2がC_3化合物と反応しオキサロ酢酸などのC_4化合物として取り込まれ，その後有機物を作るカルビン・ベンソン回路に入る．このシステムを有する植物がC_4植物である．過酷な環境で気孔を閉じても光合成を維持できる．

(3) CAM植物

砂漠で育つベンケイソウやサボテン類などの植物は，昼間は水の蒸発を防ぐために気孔を閉じている．そのため夜間にCO_2を取り込み，蓄積する回路がある．これがCAM回路で，C_4回路に似ている．有機物は，昼間に気孔を閉じたままCAM回路に蓄積したCO_2を用い，光合成を行うことで合成される．CAMは，ベンケイソウ型有機酸代謝（Crassulacean Acid Metabolism）の略語である．

3.6 代謝にかかわる病

3.6.1 リソソーム病

さまざまな加水分解酵素を内包するリソソームでは，その酵素の遺伝的欠損・異常によりリソソーム病が生じる（表3.1，2.4.2参照）．多くは小児期に発症する．

先天性脂質代謝異常症は，ほとんどがスフィンゴ脂質の分解異常で，スフィンゴリピドーシスと

表3.1 代表的なリソソーム病

脂質蓄積症	異常とされる酵素
GM1 ガングリオシドーシス	β-galactosidase の活性低下
GM2 ガングリオシドーシス（テイ・サックス病）	β-hexosaminidase A の活性低下
ゴーシェ病	glucocerebrosidase の活性低下
ニーマン・ピック病 AB 型	acid-sphingomyelinase の活性低下
クラッベ病（Krabbe 病）	galactocerebrosidase の活性低下
糖原蓄積症	
ポンペ病（Pompe 病・Ⅱ型糖原病）	acid α-glucosidase の活性低下
ムコ多糖症	
ムコ多糖症Ⅰ型（ハーラー／シェイエ病）	α-iduronidase の活性低下
ムコ多糖症Ⅱ型（ハンター病）	iduronate-2-sulfatase の活性低下
ムコ多糖症Ⅲ型（サンフィリッポ病）A型	heparan N-sulfatase の活性低下

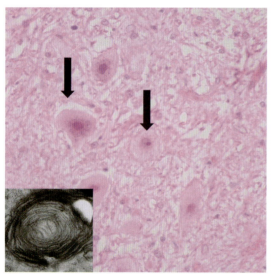

図 3.15 先天性脂質異常症における異常な神経細胞（矢印）の組織像：細胞質が泡沫状に見える．リソソーム内に渦巻き状の微細構造が存在（挿入図：電子顕微鏡像）

よばれる．中枢神経症状と，肝臓や脾臓の腫大を引き起こし，神経細胞のリソソーム内に蓄積物の渦巻き状の微細構造物が観察される（図3.15）．糖原病Ⅱ型のポンペ病では糖質の代謝異常が生じ，心筋や骨格筋にグリコーゲンが異常蓄積する．ムコ多糖症は，ムコ多糖の分解にかかわる代謝異常で，ムコ多糖が結合組織や神経系組織に蓄積する．

3.6.2 腸発酵症候群

極端な食事制限や抗菌剤の使用で腸内細菌のバランスが乱れることにより，出芽酵母が腸管で増殖し，酵母が糖をエタノールに変換することで生じる．アルコールを飲酒していないにもかかわらず急性アルコール中毒になることがあるため，自動醸造症候群や酩酊症ともいわれる．極めてまれな疾患である．

3.6.3 ミトコンドリア病

ミトコンドリア病は，ミトコンドリアDNAあるいは核DNAの遺伝子異常による疾患で，数多くの病型が含まれる．例としてミトコンドリア脳筋症・乳酸アシドーシス・脳卒中様発作症候群は，ミトコンドリアDNAの変異による母系遺伝で，小児から成人に発症することが知られている．また，ミトコンドリアの機能発現にかかわるタンパク質をコードする核DNA遺伝子の変異によるミトコンドリア病も報告されている．ミトコンドリアは身体のすべての細胞で機能しているため，ミトコンドリア病ではいろいろな症状が現れる．特にエネルギーを多く必要とする神経系，骨格筋，心臓などに症状が現れやすい．

3.6.4 光合成異常

植物が過剰な光を受けると，光化学系Ⅱにおい

て一重項酸素やスーパーオキシドなどの活性酸素が産生される．通常，植物には，活性酸素を除去する機構（スーパーオキシドディスムターゼ（SOD）の作用など）があるが，処理し切れなくなった活性酸素は，光合成の装置にダメージを与えたり，維管束の細胞が障害されてカルシウム供給が妨げられる結果「チップバーン（緑色の葉の先端が焼けたように褐変したり，枯死する障害）が発生することがある（図3.16）．これをクロロフィルの光毒性とよぶ．

除草剤には，光合成を阻害することで植物を枯死させるものがある．例えば，DCMU（3-(3, 4-dichlorophenyl)-1, 1-dimethylurea）は光化学系Ⅱに作用して電子伝達反応を阻害する．パラコートは光化学系Ⅰから電子を受け取り，その電子を酸素に渡すことで多量の活性酸素を生じさせ

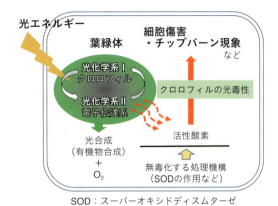

図 3.16 光合成におけるクロロフィルの光毒性

る．

大気汚染物質である亜硫酸ガス（酸性雨）は葉緑体内で硫酸に酸化される際，活性酸素の産生を伴うことから，葉緑体が破壊され，葉に斑点（煙斑）が生じる．

第4章 遺伝

生物の形質が子孫に受け継がれる生命現象が遺伝である．遺伝情報の単位が遺伝子で，それはDNAによりコードされている．ゲノムは，生物個体やそれを構成する細胞の生命現象を司る遺伝情報の総体である．

遺伝子により引き継がれた形質は，個体の発育や細胞の増殖に伴い，環境因子（他の生物から受ける生物学的・非生物学的因子）により多様に変化すると考えられている．すなわち，個体の表現型は「遺伝子形質＋環境因子＝表現型」とされる（図4.1）．

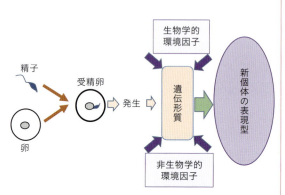

図 4.1　有性生殖の「表現型＝遺伝形質＋環境因子」

4.1　遺伝子

4.1.1　DNAと染色体

真核細胞の核内には，ヒモ状のDNAが存在する．細胞分裂の際，DNAはヒストンに巻き付いてヌクレオソームを形成する．ヌクレオソームは数珠状に連なってクロマチン線維となり，その線維がさらに折りたたまれ，ラセン状に圧縮され束状になることで染色体ができる（第2章の図2.8）．ヒトの染色体は46本あり，22対の相同染色体と，男性ではXYの，女性ではXXの性染色体が含まれる．Y染色体には男性になることを決定する*SRY*遺伝子が存在する．

4.1.2　遺伝子と遺伝子座

相同染色体では，同じ位置に同一または似た遺伝子が存在している．これが遺伝子座である．同じ遺伝子座にある遺伝子同士を対立遺伝子（アレル）といい，一対の遺伝子座に同一の遺伝子を有する個体を同型接合体（ホモ接合），異なる対立遺伝子をもつ個体を異型接合体（ヘテロ接合）と

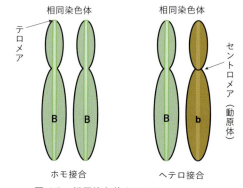

図 4.2　相同染色体とアレル
B：顕性遺伝子　b：潜性遺伝子

いう．ヘテロ接合で現れる表現型を支配する遺伝子を顕性（優性）遺伝子といい，発現しない遺伝子を潜性（劣性）遺伝子とよぶ（図4.2）．一方，中間的な形質を発現させる遺伝を不完全顕性という．

4.1.3　遺伝情報の複製

（1）DNAの構造と細胞周期

DNAを構成するヌクレオチドは，塩基の違い（アデニン（A），チミン（T），グアニン（G），シ

表 4.1　DNA 複製にかかわる因子

因子	表記
DNAヘリカーゼ	DNA二重らせんをほどいて，二本鎖DNAを開くことで複製フォークをつくる
トポイソメラーゼ	複製フォークのねじれているDNA鎖を解消することで，鋳型鎖をつくる
一本鎖DNA結合タンパク質（SSB）	一本鎖DNAに結合し，鋳型鎖を安定化させる
プライマーゼ	RNAプライマーを合成する
DNAポリメラーゼ	鋳型鎖を鋳型として，相補的な新生鎖を合成する．相補的塩基配列の校正機能もある
スライディングクランプ	DNA鎖を包み込むように取り囲み，DNAポリメラーゼが鎖から外れないように留めておく機能がある
DNAリガーゼ	DNA鎖間の不連続部分を連結することで新生鎖をつくる

トシン（C）によって4種ある．弱い水素結合によりAとT，GとCの相補的な組み合わせで結合し，二重らせん構造のポリヌクレオチドを作る．

細胞周期にはG_1期，S期，G_2期，M期の四つのステージがある．M期が核分裂のステージで，G_1期，S期，G_2期が間期となる．体細胞分裂ではS期においてDNAの複製が行われる．

(2) DNAの半保存的複製

DNAの複製は，二重らせんの塩基対の水素結合が切れ，1本ずつのヌクレオチド鎖（鋳型鎖）にほどけることからはじまる．鋳型鎖に塩基が新たに結合すると新しいヌクレオチド鎖（新生鎖）が合成される．その結果，同一構造の二本鎖DNAが二本できあがる．このようなDNAの複製を半保存的複製という．

(3) DNAの複製の仕組み

DNA複製にかかわる因子を表1に示す．DNAの二重らせんは，複製すべき決まった箇所（複製起点，レプリケーター）からほどけ始める．複製起点ではDNAヘリカーゼが二重らせんをほどき広げることで，ヌクレオチドがY字状の形態（DNA複製フォーク）となる．複製フォークのヌクレオチドのひずみやねじれをトポイソメラーゼが解消し，直鎖状になる．さらに一本鎖DNA結合タンパク質（SSB）が結合し，鋳型鎖をより安

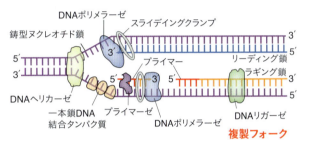

図 4.3　DNA 複製の仕組み

定化させる．

DNAは5′→3′方向にのみ合成されるので，一方の鋳型鎖ではDNAがほどけていくに従ってスムーズに新生鎖が合成できるが，他方の鎖では断片的に少しずつ合成する必要がある．前者をリーディング鎖，後者の断片をラギング鎖（岡崎断片）とよぶ（図4.3）．

DNAポリメラーゼが行うヌクレオチドの5′→3′の伸長は，ヌクレオチド三リン酸のリン酸の2つが取れてピロリン酸が遊離すると同時に，残りのリン酸残基の5′のリン酸基と新しいDNAの3′末端のOH基（3′−OH基）との間にエステル結合を作る過程である．その際に，DNAポリメラーゼは，DNA鎖を取り囲む環状のスライディングクランプによりDNA鎖から外れないように固定されている．

また，DNAポリメラーゼによる相補的なDNA合成には，RNAプライマーを事前に作っておく

必要がある．プライマーは，数個から10数個のヌクレオチドからなる短いRNAで，プライマーゼにより合成される．このプライマーは一時的なもので，後に取り除かれ，DNAに置き換えられる．特に，ラギング鎖ではDNAポリメラーゼがとなりのフラグメントのプライマーの5′側に近づくと，プライマーが除去されDNAに置き換えられるとともに，フラグメント間に生じる不連続部分はDNAリガーゼにより連結される．このような過程を経て，最終的に，DNA分子の2本のヌクレオチド鎖から，それぞれ1本の新生鎖がつくられることになる．

（4）DNAの複製とテロメア

真核生物の染色体の両端にはTTAGGG配列の繰り返し構造からなるテロメアがある．ここには遺伝情報は含まれていない．ラギング鎖では，プライマーが除去されDNAに置き換えられることで新生鎖が作られる．しかし，最も5′側では，プライマーが除去されても3′–OH基がないのでDNAポリメラーゼはDNAを合成することができない．つまり，ラギング鎖の末端ではDNAが合成できず，一本鎖DNAが突出した状態となる．そのために，ラギング鎖はDNAの複製のたびにテロメアが短縮する．テロメアの短縮は細胞の寿命にかかわるとされる．

一方，いろいろな細胞に分化する能力がある幹細胞には，テロメラーゼとよばれるテロメア合成酵素があり，染色体末端の構造が維持されている．がん細胞でもこの酵素が活性化しており，その結果限りなく分裂増殖できるとされる．がん化現象の一つと考えられている．

（5）DNAの校正と修復

DNA複製時に間違った塩基の結合，塩基の誤挿入，欠失などが生じることがあり，それを修復する機構がミスマッチ修復機構である．DNAの直接的な校正・修復，塩基除去修復，そしてヌクレオチド除去修復などの機構がある．

4.2 セントラルドグマとRNA

DNAからmRNAが作られることを転写という．mRNAが，塩基配列（遺伝暗号）にもとづいてアミノ酸からポリペプチド（タンパク質）を生合成する過程が翻訳である．この一連の過程は遺伝子発現による生命現象を規定する普遍的な流れであるとの概念から「セントラルドグマ（中心的教義）」といわれる（図4.4）．

遺伝暗号では塩基3つによりアミノ酸1つが指定される．3つの塩基の組み合わせをトリプレットといい，その連なりがコドンになる．遺伝暗号はコドンごとに区切られ読まれる（リーディングフレーム）．ヌクレオチドは4種あるのでコドンは$4^3 = 64$種あるが，このうちの3つは翻訳の終結を指定する終止コドンになる．残りの61の組み合わせで20種のアミノ酸を指定する．なお，コドンAUGはメチオニンを指定すると同時に，翻訳の始まりを示す（図4.5）．

4.2.1 RNAの構造

RNAを構成するヌクレオチドも4種だが，アデニン（A），ウラシル（U），グアニン（G），シトシン（C）の4種となり，DNAでのTがRNAではUに代わる．RNAには主に伝令RNA（mRNA），転写RNA（tRNA）とリボソームRNA（rRNA）がある．

mRNAは，DNAから転写によって作られ，核外に出て，リボソームでアミノ酸を指定する．tRNAはコドンに応じた20種のアミノ酸と特異的に結合しており，mRNAによって指定されたア

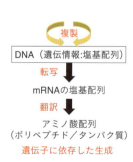

図4.4　セントラルドグマ

		2番目の塩基				
		U	C	A	G	
1番目の塩基	U	UUU, UUC} フェニルアラニン UUA, UUG} ロイシン	UCU, UCC, UCA, UCG} セリン	UAU, UAC} チロシン UAA, UAG} 終止コドン	UGU, UGC} システイン UGA 終止コドン UGG トリプトファン	U C A G	3番目の塩基
	C	CUU, CUC, CUA, CUG} ロイシン	CCU, CCC, CCA, CCG} プロリン	CAU, CAC} ヒスチジン CAA, CAG} グルタミン	CGU, CGC, CGA, CGG} アルギニン	U C A G
	A	AUU, AUC, AUA} イソロイシン AUG (開始コドン) メチオニン	ACU, ACC, ACA, ACG} スレオニン（トレオニン）	AAU, AAC} アスパラギン AAA, AAG} リシン	AGU, AGC} セリン AGA, AGG} アルギニン	U C A G
	G	GUU, GUC, GUA, GUG} バリン	GCU, GCC, GCA, GCG} アラニン	GAU, GAC} アスパラギン酸 GAA, GAG} グルタミン酸	GGU, GGC, GGA, GGG} グリシン	U C A G

図 4.5 コドン表
- mRNA の翻訳開始コドン（開始コドン）は AUG（メチオニン(Met)）
- mRNA の合成終了の暗号コドン（終止コドン）は UAA，UAG，UGA である．
- 塩基配列とアミノ酸：トリプレット（三つ組み暗号）がアミノ酸を決定する．

ミノ酸をリボソームまで運ぶ．rRNAは，核小体にあるDNAから作られ，核外に出て大小二つのサブユニットとなり，合体することでタンパク質を合成する場であるリボソームを形成する．

RNAは，DNAを鋳型としてRNAポリメラーゼにより合成される．真核生物ではRNAポリメラーゼには特異性があり，RNA ポリメラーゼⅠはrRNA，ⅡはmRNA，ⅢはtRNAの転写にかかわる．

4.2.2 転 写

DNAの塩基配列に対応するmRNAを生合成する過程が転写で，核内で行われる．RNAポリメラーゼⅡが，プロモーターとよばれる塩基配列部位に結合し，移動しながらDNAの塩基配列に対応する相補的mRNAを合成していく．この酵素も5′→3′方向にのみ連結する．

4.2.3 翻 訳

翻訳ではtRNAが重要な役割をはたす．tRNAは三つ葉のクローバ状の構造をした約80残基の短い一本鎖RNAで（図4.6），61種ある．ACループにあるアンチコドンに対応するアミノ酸が，tRNAの3′末端にあるA-C-Cの塩基配列にエステル結合したものをアミノアシルtRNA（aa-tRNA）という．この結合にかかわる酵素がaa-tRNA酵素で，20種類ある．

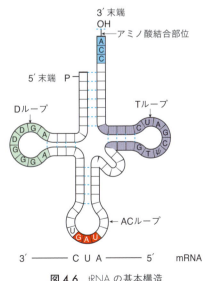

図 4.6 tRNA の基本構造

翻訳は，開始コドンであるMet-tRNAと遺伝情報を有するmRNAがリボソームと結合し，翻訳開始複合体が作られることで始まる．リボソーム内では，Met-tRNAがP部位（ペプチド鎖をつなぐペプチジルtRNAが座する部位）に座すると，上流の空いているA部分（aa-tRNAが座する部位）に，mRNAのコドン情報に沿ったアミノ酸を有するaa-tRNAが運ばれてくる．このaa-tRNAアミノ酸は，下流に移動することでメチオニンとペプチド結合し，ペプチジルtRNAが形成される．その結果，上流のA部分が空になるので，次のコドン情報に従った新たなアミノ酸を有するaa-tRNAがA部分に運ばれ，同様に下流に移動することでペプチジルtRNAのアミノ酸とペプチド結合する．この繰り返しにより，mRNAのコドン情報に沿ったアミノ酸が次々とペプチジルtRNAに結合し，ポリペプチド鎖が伸長する．アミノ酸を離したtRNAは，P部分の下流になるE部分（出口exitの略）でリボソームから離れる（図4.7）．いずれかの終止コドン（図4.5）がA部位に到達すると，新たなaa-tRNAとの結合はできなくなり翻訳が終了する．同時に，ポリペプチド鎖もペプチジルtRNAから切り離される．

このようにして合成されたポリペプチド鎖はその後，適切に折りたたまれる（フォールディング）ことでタンパク質の特異的な立体構造になる．フォールディングを助ける因子が分子シャペロンである．その後さらに，小胞体において糖鎖や脂質の付加，切断，補欠分子族の結合などさまざまな修飾を受ける．完成した多様な機能を有するタンパク質は，それぞれの機能特異部位に運ばれる．

4.3 遺伝情報の調整
4.3.1 転写時の修飾

真核生物では，転写されたmRNAは未完成（前駆体）であり，いくつかの修飾を経て成熟したmRNAとなる．この過程をプロセシングとよ

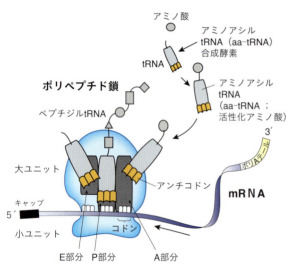

図 4.7 リボソームでの翻訳

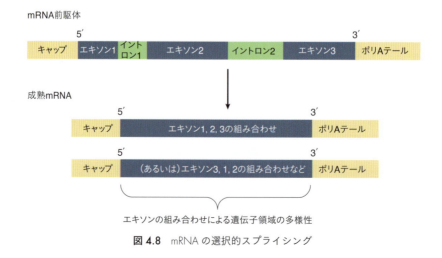

図 4.8 mRNAの選択的スプライシング

ぶ（図4.8）．

mRNAの前駆体には，アミノ酸の情報をもたないイントロンと，アミノ酸を指定するエキソンがある．前駆体mRNAから不必要なイントロンを取り除き，エクソンをつなぎ合わせる過程をスプライシングという．エクソンは複数あり，その順序と組み合わせによって，同じ前駆体から異なるmRNAが作れる．このような過程を選択的スプライシングという（図4.8）．成熟mRNAは核膜孔から細胞質に送り出され，リボソームにおいてペプチドの合成にかかわる．ヒトの遺伝子は2万個程度であるが，スプライシングの過程を経ることで，その数倍に及ぶタンパク質が作られる．

4.3.2　転写調節

真核生物では，基本転写因子とよばれる酵素タンパク質がプロモーター領域のTATAボックスとよばれる塩基配列を認識し複合体が作られると，そこにRNAポリメラーゼが結合できるようになる．さらに，遺伝子の上流や下流には転写調節領域（エンハンサー）があり，ここに結合した転写活性化因子（アクティベーター），あるいは転写抑制因子（リプレッサー）などの調節タンパク質（転写調節因子あるいは転写因子）が，基本転写因子を認識することで転写が調節されている（図4.9）．しかし，このような転写因子の転写調節の全貌は解明されていない．

原核生物の遺伝子群は，単一のプロモーターと共通した調整タンパク質により発現調整を受ける．このような構造遺伝子群は近接しまとまって存在しておりオペロンといわれる．

4.3.3　マイクロRNA（miRNA）による転写調整

真核生物にはmiRNAとよばれる，21-25塩基程度の1本鎖RNAがある．miRNAはタンパク質へは翻訳されないnon-cording RNAであるが，相補的な配列のmRNAに結合することでmRNAを分解したり，あるいはリボソームでの翻訳を阻害する働きがある（図4.10）．これをmiRNAのRNA干渉とよび，転写後における遺伝子の発現量の調節にかかわる．

4.3.4　ホルモンによる調整

ホルモンのうち水溶性ホルモンは細胞膜にある受容体に結合することで，細胞内でシグナル反応を起こし，活性化した調整タンパク質を生成する．調整タンパク質は核内に移行し，転写調節領域に結合して転写を調節する．

一方，脂溶性ホルモンは細胞膜を通過して細胞質にある受容体タンパク質と結合する．その結果受容体タンパク質の立体構造が変化し，転写調節領域に影響を与え，標的遺伝子の転写を調整している（図4.11・第7章参照）．

4.3.5　エピジェネティクス

エピジェネティクスは後成遺伝学ともいわれ，DNAの塩基配列によって決定される遺伝現象とは対照的に，DNAやヒストンへの後天的な化学修飾により制御される生命現象とされる．生物の特異的な個体発生や多様な細胞分化において，重

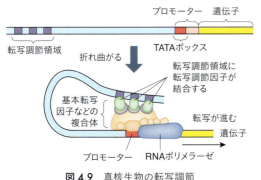

図4.9　真核生物の転写調節

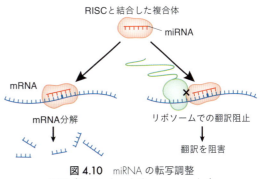

図4.10　miRNAの転写調整
RISC（RNA-induced silencing complex）

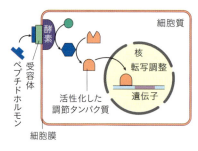
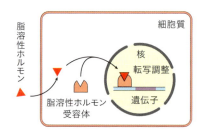

図 4.11　ホルモンによる遺伝子発現の調整

要なメカニズムと考えられている．化学修飾されたゲノムをエピゲノムといい，その情報は次世代にも受け継がれるとされる．

(1) DNAメチル化

DNAメチル化の化学修飾は，ほとんどがシトシンで生じる．特に，シトシン→グアニンとなる塩基配列（CG配列）が集中するCpGアイランドとよばれる領域ではシトシンがメチル化されやすい．CpGアイランドはプロモーター領域に多く，シトシンがメチル化を受けることで遺伝子発現が制御されているとされる．

雌の性染色体はXXで，片方のX染色体上の遺伝子の発現は抑制されている．この現象は「X染色体の不活性化（ライオニゼーションという）」といわれ，DNAのメチル化によるエピジェネティクス制御がかかわっているとされる．また，ある種のがん細胞では，がん抑制遺伝子の発現がCpGアイランドの異常なメチル化によって抑制されているとされる．

(2) ヒストンの修飾

DNAはヒストンに巻き付くことでヌクレオソームを形成し，ヌクレオソームは密に折りたたまれ凝集しクロマチン線維となる．転写を起動するには，クロマチン線維をほどく必要がある．

ヌクレオソームには，ヒストンテールというヒストンの一端が飛び出た構造がある．このヒストンテールを構成するアミノ酸に生じる化学修飾がヒストン修飾で，メチル基が付加するメチル化と，アセチル基が付加するアセチル化がある．前者ではクロマチンが凝集して転写が起こり難くなり，後者ではクロマチンの凝集がほどけ，遺伝子発現が進む．

4.4　変異と先天異常

同種の個体間の形質の違いを変異といい，環境的変異と遺伝的変異がある．前者は，環境条件によって遺伝子の発現形質（表現型）に生じる違いのことで，遺伝しない．後者は，遺伝子や染色体の突然変異などの遺伝的背景を基盤とした形質発現の変化のことである．先天異常は，環境的変異と遺伝的変異，あるいはその双方が関連し発症することがある．

4.4.1　遺伝子の変異

(1) 遺伝子多型と突然変異

ヒトのゲノムでは全体の約0.3％に個体差（塩基の置換，欠失，挿入，反復塩基配列など）が存在する．あらわれる頻度が比較的高い（集団の1％以上）個体差を遺伝子多型，少ない（1％未満）ものを突然変異と通常よぶ．

(2) 塩基配列の変異

DNAの塩基配列は，複製の際の偶発的な誤り（自然発生的変異）や，遺伝子に影響を与える有害物質(変異原)によって変化する．発がん性のある毒性物質や放射線・紫外線，体内で細胞呼吸によって生じる活性酸素などが変異原となり得る（第8章参照）．

①置換・欠失・挿入

置換は一つの塩基が別の塩基に置き換わるこ

と，欠失は塩基が失われること，挿入は別の塩基が塩基配列に入り込むことである．

コドンの3番目の塩基に置換が生じても，作られるアミノ酸に変化はないことが多い（図4.5）．このような置換をサイレント突然変異という．一方，コドンの1番目の塩基が置換するとコドンの組み合わせが大きく変わる．これをミスセンス突然変異という．置換や挿入により塩基が終止コドンを指定すると，ポリペプチド鎖が途中で切れて不完全なタンパク質が作られることがある．これがナンセンス突然変異である．また，塩基が一つ挿入・欠失することでアミノ酸を指定するコドンの三つ組みがずれることがある．これがフレームシフト突然変異で，作られるアミノ酸の種類やポリペプチド鎖の配列が全く変わることがある（図4.12）．このような一つの塩基の変化による突然変異を点突然変異という．

②DNAの修復

DNAの塩基配列を校正し，誤りがあったら修復する機構（ミスマッチ修復）がある．校正過程で見逃された誤った塩基対は，ヌクレオチド単位で切りだされDNAポリメラーゼが正しいヌクレオチドで埋め，リガーゼがその間を結合することで修復される．

修復が難しく修復不能になるとアポトーシス機構が誘導され細胞が除去される．また，DNAに生じた損傷が，その後複製過程で遺伝子変異を誘導し発がんに至ることがある（第8章参照）．例えば，紫外線により生じたDNAのチミンダイマーは，遺伝子に突然変異を導くことがある．通常はDNAポリメラーゼにより除去修復されるが，色素性乾皮症の患者では，この突然変異により皮膚がんの発症率が高くなるとされる．

(3) 遺伝子多型

遺伝子多型とされる表現型は，眼や髪の色の違い，アルコール感受性，血液型など，個体の体質の違いとみなされ，身体に致命的な影響を与えないものが多い．

遺伝子多型で最も多いのは，1つの塩基が置き変わる一塩基多型（SNP）で，約1300塩基対に1か所程度ある．多くはイントロンや遺伝子間に生じ，形質発現に影響していないとされるが，遺伝子のコード領域（cSNP）や調節領域（rSNP）に生じる変化は表現型に影響を及ぼすことがある．

次に多いのが，数塩基程度の塩基配列の繰り返し数が異なるマイクロサテライト多型（STRP）である．STRPは，ヒトゲノム中に数十万個以上あるとされ，親子鑑定や犯罪捜査の個人識別に利用される．その他，ミニサテライトの反復回数の変化である反復配列多型（VNTR），遺伝子単位の繰り返し数が異なるコピー数多型（CNV），塩基の挿入や欠失によるindel（insertion/deletionの略）などが知られている．

4.5 遺伝子にかかわる病

4.5.1 先天異常

出生時に存在する形態および機能に関連した異常を先天異常とよぶ．遺伝子や染色体の突然変異

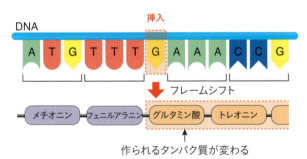

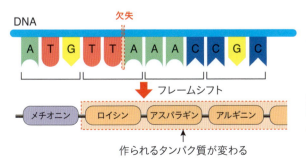

図4.12 フレームシフト突然変異

による疾患と，遺伝的要因と環境的要因との相互作用によって発症する多因子疾患がある．妊娠時の感染症や，催奇形性のある化学物質の曝露などの外因により生じる先天異常もある．

体細胞に突然変異が生じるとがんや先天異常などの疾病になることがあるが，子孫に伝わることはない．一方，生殖細胞に突然変異が生じると，それは子孫に伝わることがある．前者を体細胞突

表 4.2 遺伝性疾患と染色体異常疾患

遺伝性疾患	疾患	備考
常染色体顕性遺伝	マルファン症候群	弾性線維の構造維持にかかわるフィブリリンの異常による．骨格系の異常が生じる
	家族性高コレステロール血症	LDLの細胞内輸送代謝の異常による．高LDLコレステロール血症となり，粥状硬化症が生じやすい
	家族性大腸腺腫症	がん抑制遺伝子の*APC*遺伝子の不活化・変異による．大腸全域に粘膜ポリープが形成され，一部が悪性化する
	骨形成不全症1型	I型コラーゲンの生成異常が生じる．骨が脆弱となり多発性骨折が生じやすい
	家族性網膜芽細胞腫	がん抑制遺伝子の*RB1*の不活化・変異による．網膜芽細胞腫や骨肉腫が生じる
	ハンチントン病	ハンチントン遺伝子の翻訳領域内のCAGの繰り返し配列によるトリプレットリピート病で，CAGがコードするグルタミンが異常に長く連続する．ポリグルタミン病の一つである．踊るような不随意運動（舞踏運動）が特徴である
常染色体潜性遺伝	フェニルケトン尿症	フェニルアラニン水酸化酵素の欠損による．ファニルアラニンからチロシンへの変換が行われず蓄積することでフェニルアラニン尿症が生じる
	ゴーシェ病（リソソーム病）	リソソーム酵素であるグリコセレブロシダーゼ欠損による．脂質の代謝異常が生じる
	ニーマン・ピック病（リソソーム病）	リソソーム酵素である酸性スフィンゴミエリナーゼの欠損による．脂質の代謝異常が生じる
	ポンペ病（リソソーム病）	リソソーム酵素であるα-グルコシダーゼ欠損による．肝細胞にグリコーゲンの蓄積が生じる．糖原病の一つ
	白皮症1型	メラニン色素合成にかかわるチロシナーゼ酵素の異常による
	鎌状赤血球貧血症	ヘモグロビンの構成タンパク質をコードする遺伝子異常による．赤血球の形態が変化し，酸素運搬能が低下することで貧血症となる．ホモ接合は重度貧血となり生存が困難であるが，ヘテロ接合は，発症せず，マラリア原虫の感染に対し抵抗性が高い
伴性潜性遺伝	血友病A	血液凝固因子第VIII因子の異常による．血液凝固時間が延長し，出血しやすい
	血友病B	血液凝固因子第IX因子の異常による．血液凝固時間が延長し，出血しやすい
	デュシェンヌ型・ベッカー型筋ジストロフィー	骨格筋細胞の細胞膜とアクチンを結合し安定化させるジストロフィンタンパク質の異常による．筋変性による筋力低下が生じる
染色体異常疾患	ダウン症	21番染色体トリソミー
	クラインフェルター症候群	X染色体の過剰（XXY，XXXY）

然変異，後者を生殖細胞突然変異という．

(1) 遺伝子突然変異（遺伝性疾患）

生殖細胞の遺伝子変異によって引き起こされるのが遺伝性疾患である．

①単一遺伝子異常

単一遺伝子異常は，DNAの一塩基の置換，欠失，挿入や，フレームシフト，またはスプライシングの異常により遺伝子の機能が消失したり，不全をきたす結果，必要なタンパク質が作られなかったり，あるいは別のタンパク質が作られることで生じる．単一遺伝子異常はメンデルの法則に則って遺伝し，常染色体上にあれば常染色体顕性／潜性遺伝，性染色体上にあれば伴性顕性／潜性遺伝となる（表4.2）．特定の遺伝子が発症にかかわることから，そのような遺伝子を原因遺伝子あるいは責任遺伝子とよぶ．

常染色体顕性遺伝病は，両親から受け継いだ対の常染色体のうちどちらか一方が正常であっても，片方に異常があれば発症する．生活に大きな支障がないものも含め2000種類以上あるとされる．マルファン症候群，家族性高コレステロール血症，家族性大腸腺腫症，骨形成不全症等が知られている．

常染色体潜性遺伝病は，両親から同じ変異遺伝子を受けた個体だけに生じる病気である（図4.13）．600種類以上あるとされ，生命や生活能力に大きな影響を与える場合が多い．フェニルケトン尿症，リソソーム蓄積症，ハンチントン病等が知られている．ハンチントン病は，原因遺伝子のハンチントン遺伝子の翻訳領域のCAG配列の繰り返し配列が異常に長く，そのためにアミノ酸であるグルタミンが過剰に連続することで生じるトリプレットリピート病で，進行性の踊るような不随意運動が特徴である．また，アフリカからアジアの地域でみられる鎌状赤血球貧血症は，点突然変異によってヘモグロビンのβ鎖アミノ酸配列の6番目のグルタミン酸がバリンに置換されてい

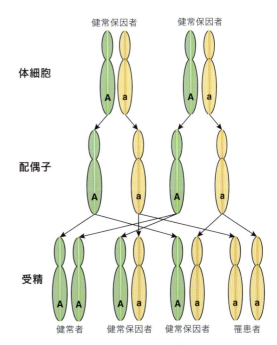

図4.13 常染色体潜性遺伝様式
A：顕性対立遺伝子，a：潜性対立遺伝子

る．その結果，タンパク質の構造異常により赤血球が鎌のような形になることで，酸素運搬能が低下し貧血を発症する．ホモ接合は重度貧血となり生存することが難しいが，ヘテロ接合は発症せず生存でき，かつ赤血球で増殖するマラリア原虫に対し抵抗性が高い．

伴性顕性遺伝病は男性では必ず，女性においても片方のX染色体に原因遺伝子があれば発症する．代表例としてはアルポート症候群がある．Ⅳ型コラーゲン遺伝子の異常で，Ⅳ型コラーゲンが分布している腎糸球体に進行性の障害が生じる．

伴性潜性遺伝病は，血友病のA型とB型，そしてデュシェンヌ型とベッカー型の筋ジストロフィーなど約200種類が知られている．性染色体のX上の遺伝子の突然変異によることからXYの男性での発症頻度が高く，XXの女性は「健常保因者」になることが多い（図4.14）．両親とも異常遺伝子をもつ「健常保因者」であれば，その子供の女性でも発症することがある．

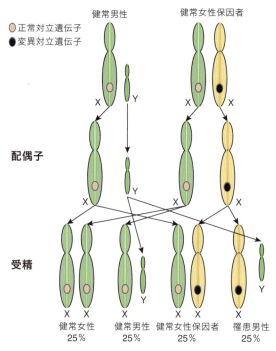

図 4.14　伴性潜性遺伝様式

②多因子疾患

多因子疾患の発症には，複数の遺伝子の変異と環境要因が複雑に作用する．多因子疾患の発症の確立を高めていると思われる変異遺伝子のことを感受性遺伝子とよぶ．感受性遺伝子はほとんどがSNPなどの多型アレルと考えられ，遺伝子の突然変異のみで起こる遺伝性疾患より発生頻度が高いとされる．

糖尿病，高血圧，動脈硬化症などの生活習慣病や，精神疾患やがんなどの病気は多因子疾患が関与していると考えられている．これらは環境的要因としての生活習慣を変えることで，病気を回避したり軽減したりすることができるとされる．多因子疾患の発症にかかわる感受性遺伝子の関与や，環境因子とのかかわりについてはまだまだ研究が必要である．

(2) 染色体異常（染色体突然変異）

①異数性

染色体の数の違いを異数性という．2個で一対になるはずの染色体が1個消失した場合をモノソミー，1個増加した場合をトリソミー，2個増加するとテトラソミーという．

ヒトのダウン症候群は，常染色体21番のトリソミーで，特異な顔貌と知的障害が現れる．性染色体のX染色体が1本だけで対を成していないモノソミー（XO）ではターナー症候群となり，外形は女性型であるが，卵巣機能が低下している．XXYやXXXYなどX染色体が過剰となるとクラインフェルター症候群となり，外見は男性だが二次性徴の欠如がみられる．

ネコでは性染色体XXのメスのみ黒と茶色が同時に現れ，斑模様の三毛猫になる可能性がある．そのため三毛猫はほとんどがメスであるが，極めてまれにオスにもみられることがある．オスの三毛猫はXXYのトリソミーで，外見はオスであるが生殖能はない．

減数分裂において，染色体分離不完全で生じた$2n$の配偶子とnの配偶子が受精すると$3n$の3倍体が，また$2n$同士の配偶子により$4n$の4倍体が生じる．これを倍数性という．園芸用のキク科には，高次の倍数性による変異種が数多く知られている．種なしスイカは減数分裂を阻害して作る．双葉の成長点にコルヒチンを処理すると4倍体ができる．4倍体と通常の2倍体との受粉で3倍体のスイカを作り，その雌花に2倍体を受粉させると減数分裂がうまくいかなくなり種子のないスイカができる．

②染色体の構造異常

染色体の構造異常には欠失，重複，転座や逆位などがある．このような異常は親からの遺伝による場合と，受精卵の発生過程で偶発的に現れる場合がある．まれに修復されることもあるが，多くは重篤となり胎児期に致死性となる．染色体の微細欠失による欠失症候群が知られており，身体的な異常，知的障害や重篤な心奇形（ファロー四徴症など）が生じるとされる．

（3）先天性形成異常（奇形）

　奇形は，生まれた時に認める形態・形成異常で，遺伝的要因と環境的要因がある．遺伝的要因としては，染色体数の異常によるダウン症，ターナー症候群，クラインフェルター症候群や，遺伝子異常による骨形成不全症などがある（前述）．

　環境的要因は母体を通じ胎児に影響を与える．催奇形性のある薬剤や化学物質，放射線，感染症や栄養障害などがあり得る．外因に対する感受性は，受精後3～10週の器官形成期が最も高く，この時期を臨界期という．睡眠薬として使用されたサリドマイドは四肢の形成異常によるアザラシ肢症を誘発した．アルコールは，発育遅延，知的障害や小頭症などのいわゆる「胎児アルコール症候群」を誘発するリスクがある．感染症としては，風疹ウイルスは難聴，心奇形や白内障などの「先天性風疹症候群」を，また梅毒菌やトキソプラズマ原虫の感染も胎児に異常を誘発するとされる．ビタミンAは不足あるいは過剰摂取によって，胎児の形成に異常が生じるとされる．妊娠初期の放射線被曝は流産を起こすことがある．

4.6　遺伝子治療と核酸医薬品

　遺伝性疾患の治療法として，遺伝子治療や核酸医薬品がある．

　遺伝子治療は，多くの場合，特定の遺伝性疾患がある患者の細胞に正常な遺伝子を導入することで正常なタンパク質を発現させる方法である．多くは導入効率の高いウイルスベクターが用いられている．単一遺伝子疾患の予防や治療への効果が期待されている．

　核酸医薬品は，化学的に合成された十数～数十塩基連結したオリゴ核酸である．生体に直接作用するが，タンパク質の発現を介することなく，不都合な遺伝子情報の転写・翻訳の阻害や，自然免疫機能を活性化する作用がある．アンチセンス，siRNA，miRNA mimic，デコイ，アプダマー，CpGオリゴなどが開発されている（表4.3）．

　アンチセンスは，一本鎖DNAもしくはRNAで，細胞内で相補的な配列の標的mRNAに結合したり，スプライシングを制御することでタンパク質への翻訳を阻害する．siRNAは，二本鎖RNAもしくはヘアピン型一本鎖RNAで，細胞内の標的mRNAを特異的に切断し，遺伝子発現を阻害する作用がある．miRNA mimicは，二本鎖

表 4.3　核酸医薬品の特性

	アンチセンス	siRNA	miRNA mimic	デコイ	アプタマー	CpG オリゴ
構造	1 本鎖 DNA/RNA	2 本鎖 RNA	2 本鎖 RNA, ヘアピン型 1 本鎖 RNA	2 本鎖 DNA	1 本鎖 DNA/RNA	1 本鎖 DNA
塩基長	12 ～ 30	20 ～ 25	20 ～ 25 > 49	20 程度	26 ～ 45	20 程度
標的	mRNA pre-mRNA miRNA	mRNA	mRNA	タンパク質 （転写因子）	タンパク質 （細胞外タンパク質）	タンパク質 （TLR9）
作用部位	細胞内	細胞内 （細胞質）	細胞内 （細胞質）	細胞内 （核内）	細胞外	エンドソーム膜
作用機序	mRNA 分解 スプライシング 制御 miRNA 阻害	mRNA 分解	miRNA の補充	転写阻害	タンパク質の 機能阻害	自然免疫の 活性化

（井上貴雄（2016）Drug Delivery System, 31, 10-23 より）

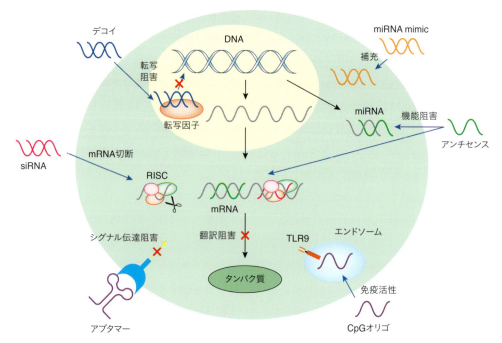

図 4.15 核酸医薬品の作用機序概略
（RISC：RNA-induced silencing complex）

RNAもしくはヘアピン型一本鎖RNAか，あるいはその類似体で，疾患などで低下している内在性のmiRNAを補充する．アプタマーは，抗体と同じように一本鎖DNAもしくはRNAからなり塩基配列に依存した立体構造によりタンパク質に結合することでその機能を阻害する作用がある．CpGオリゴは，一本鎖DNAでCpGモチーフ（シトシンとグアニンがホスホジエステル結合でつながった配列）を持ち，エンドソーム膜に発現するToll様受容体9（TLR9，7.6節参照）に結合することで自然免疫を活性化する作用がある．デコイは，二本鎖DNAで，転写因子が結合するプロモーター領域と同じ配列を持ち，細胞内で転写因子と結合することで，転写因子により調整される遺伝子の発現を阻害する作用がある（図4.15）．

| 第5章 | 身体の構造1（神経系・感覚器系・運動器系・消化器系） |

多細胞生物は，多様に分化したさまざまな細胞からなり，ヒトでは約200種類の細胞がある．一定の形態と機能をもった細胞の集合が組織（表5.1），いくつかの組織が相互に関係し機能しているのが器官で，それらの機能集団を器官系という（表5.2）．器官系が機能的に相互に連携することで，個体の生命活動が維持されている．「原子⇒分子⇒細胞⇒組織⇒器官／器官系⇒個体」の関係を生命の階層性という．

この章では，神経系，感覚器系，運動器系，消化器系について説明する．

表5.1 上皮組織と結合組織

組織	特徴と代表的な部位
上皮組織	単層円柱上皮（消化管粘膜） 単層立方上皮（腎尿細管） 重層扁平上皮（表皮・食道粘膜） 多列線毛円柱上皮（気管・気管支上皮） 移行上皮（膀胱・尿管） 腺上皮（内分泌腺・外分泌腺） 粘膜上皮（消化管の粘膜） 感覚上皮（嗅上皮・網膜視細胞・有毛細胞） 杯細胞（粘液の分泌：気管・気管支や腸粘膜などの上皮細胞間に分布）
結合組織	線維性結合組織，脂肪組織，骨組織，軟骨組織，血液

表5.2 器官系

器官系	機能（概略）	構成しているおもな組織・器官
神経系	体内外の刺激の伝達と調整	大脳，間脳，中脳，小脳，延髄，脳神経，脊髄神経
感覚器系	体内外の刺激の受容	視覚，嗅覚，味覚，聴覚・平衡覚，皮膚感覚
運動器系	身体の支持と運動機能	骨格筋，骨，関節
消化器系	食物の消化と栄養素の吸収・代謝	口腔，咽頭，食道，胃，腸，肝臓，膵臓
循環器系	血液とリンパ液の循環	心臓，血管，血液，体循環，肺循環，門脈循環，微小循環，リンパ循環
呼吸器系	外呼吸の場	鼻腔，気管，気管支，肺
泌尿器系	水と老廃物の排泄	腎臓，輸尿管，膀胱
生殖器系	生殖細胞の生成と生殖機能	生殖腺（卵巣・精巣），メス（子宮，卵管），オス（精巣上体，前立腺）
内分泌器系	ホルモンによる生体機能の調整（第7章で記述）	脳下垂体，甲状腺，上皮小体，副腎，膵島，生殖腺

5.1 神経系

神経系は，生体の恒常性を司り，体内外の状況変化（情報）を察知し処理することで，身体機能を調節・維持する器官系である．

神経系組織には，中枢神経系（CNS：Central Nervous System）と末梢神経系（PNS：Peripheral Nervous System）がある（図5.1）．中枢神経系は脳と脊髄からなり，多数のニューロン（神経細胞）が複雑に連携している．中枢神経系から身体の隅々に分布するのが末梢神経系である．末梢神経は，体性神経（感覚神経と運動神経）と自律神経（交感神経と副交感神経）に分けられる．感覚神経は，感覚器で受け取った刺激を中枢に伝える求心性神経であり，運動神経と自律神経は中枢からの指令を末梢に伝える遠心性神経である（図5.1）．なお，自律神経の一部には求心性に働く神経線維もあるとされる．脳の高次機能については第7章に記載する．

5.1.1 神経組織の構成細胞
(1) 神経細胞（ニューロン）

神経細胞は神経細胞体，樹状突起と軸索（軸索突起）からなる（図5.2・図5.3）．神経細胞体は神経細胞の本体である．樹状突起は短い枝状の細胞突起で，神経伝達の入力部位となる．軸索は長く伸びた細胞突起で，末端で神経伝達の出力を担う．軸索は髄鞘（ミエリン鞘）に包まれている．軸索と髄鞘をあわせて神経線維とよぶ．

髄鞘は，中枢神経では希突起膠細胞（オリゴデンドロサイト）の，末梢神経ではシュワン細胞の細胞膜が長く伸びて軸索を中心に渦巻き状に幾重にも取り巻いた構造をしている（図5.3）．髄鞘と髄鞘の隙間をランビエの絞輪とよぶ．髄鞘は軸索に栄養を供給するとともに，電気的な絶縁体として機能している．脊椎動物の末梢神経の多くは，交感神経を除き，有髄神経線維である．

(2) グリア細胞

中枢神経には，ニューロン以外にグリア細胞が存在する．星状膠細胞（アストロサイト），希突起膠細胞（オリゴデンドロサイト）と小膠細胞（ミクログリア）がある（図5.2・図5.4）．

アストロサイトは星状の形態を呈する細胞（図5.4）で，脳組織の構造的な支持細胞であるとともに，神経伝達物質の調整にかかわる．また，脳内の血管と密に接しており，脳に取り込む物質を選択的に調整する血液脳関門（BBB：Blood-Brain Barrier）を構成している．オリゴデンドロサイトは中枢神経の髄鞘形成細胞として機能している．ミクログリアは細長い細胞突起が伸びた形態（図5.4）で，脳内の常在型のマクロファージとされる．貪食能があり，種々の炎症性因子を

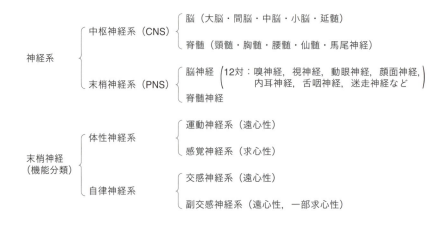

図 5.1　神経系組織

5.1 神経系

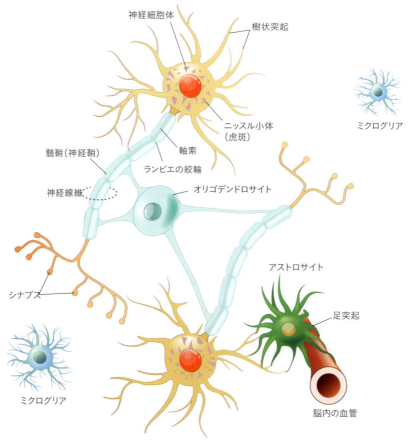

図 5.2 中枢神経における神経細胞とグリア細胞

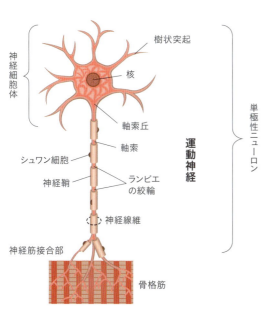

図 5.3 末梢神経（運動神経）における神経細胞

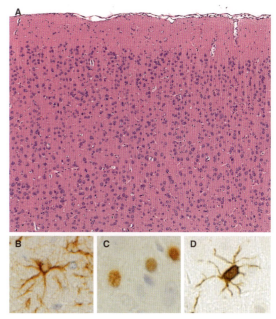

図 5.4 ラットの大脳皮質の組織像（A）：アストロサイト（B），オリゴデンドロサイト（C），ミクログリア（D）の形態像（免疫組織化学染色）

産生する免疫細胞でもある.

末梢神経におけるグリア細胞にはシュワン細胞がある（図5.3）．末梢神経の髄鞘を形成しているほか，末梢神経の軸索損傷後の再生過程において，軸索を誘導する因子を産生することで再生の場を構築するなどの役割を担っている．

（3）ニューロン

軸索突起の数と伸長の状態により，ニューロンは単極性，偽単極性，双極性，多極性に分類される．運動神経は一本の軸索を長く伸ばし効果器（作動体）に興奮を伝える単極性ニューロンで，感覚神経は軸索が二股となり双方に長く伸びている偽単極性ニューロンである（図5.5）．神経細胞間の連絡にかかわる介在ニューロンは，脳や脊髄に主に存在し，多くは多極性や双極性ニューロンである（図5.5）．介在ニューロンは，中枢神経系組織の複雑な神経網を形成している．

（4）ニューロンの興奮と伝導

ニューロンは電気刺激により情報を伝えている．通常細胞内ではK^+が多く，細胞外ではNa^+が多い．刺激のない時には，細胞膜にあるカリウムチャネル（K^+漏出チャネル）が少し緩んでおりK^+が細胞外に漏出している．よって電気的には細胞内が負（−）となり，分極状態にある．この状態が静止膜電位（静止電位）である．

刺激を受けると細胞膜のナトリウムチャネルが開き，細胞外からNa^+が流れ込むことで細胞内が正（＋）になる（脱分極）．その後，刺激により開いたカリウムチャネルからK^+が細胞外に流出することで，膜電位は元に戻る（再分極）．この一過性の電位の変動が活動電位（図5.6）である．活動電位が発生することをニューロンの興奮という．流入したNa^+はナトリウムポンプにより細胞外に排出される．なお，興奮時にK^+が細胞外に過剰に流出することがある（過分極）．過分極したニューロンは刺激に対し不応状態（不応期）になり，過剰な興奮を防止する．

軸索でいったん活動電位が発生すると，それは軸索を一定方向に伝わっていく．これが興奮の伝導である．活動電位は，髄鞘の切れ目であるランビエの絞輪をとびとびに伝わる電気的な特性がある（跳躍伝導）．そのため，無髄神経線維よりも有髄神経線維の伝導速度の方が早い．

活動電位はニューロンの興奮が「起きる」か「起きない」のどちらかのみ（全か無の法則，all or none）で，刺激の強さにかかわらず一定の電位幅の活動電位が興奮として生じる．興奮に必要な最小限の刺激を閾値という．

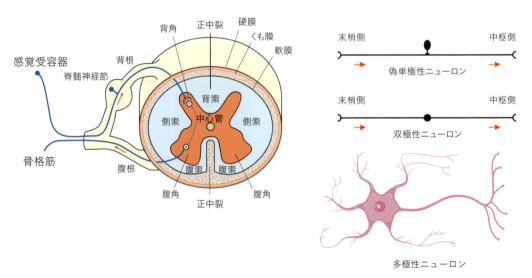

図5.5 感覚神経と運動神経と，ニューロンの種類

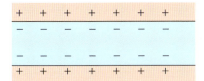
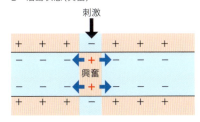
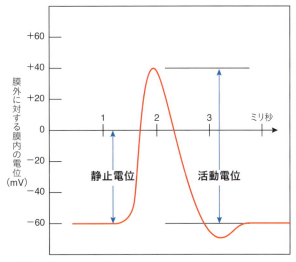

図 5.6　静止電位と活動電位

(5) シナプスの興奮伝達

ニューロンと近接のニューロンとの接合部がシナプスになる（図5.2）．興奮は，シナプスを介して次の細胞に伝わる．伝える側をシナプス前細胞，興奮刺激を受け取る側をシナプス後細胞という．また，両細胞は膜で接していることから，前者をシナプス前膜，後者をシナプス後膜，その間隙をシナプス間隙という（図5.7）．

興奮は神経伝達物質によって伝達される．代表的な神経伝達物質にはアセチルコリンやノルアドレナリンがある．シナプス前細胞の軸索末端に興奮が到達すると細胞膜の電位依存性カルシウムチャネルが開き，Ca^{2+}が細胞外から流入することでCa^{2+}濃度が上昇する．その結果，シナプス小胞がシナプス前膜と融合し，小胞内の神経伝達物質がシナプス間隙に放出される．神経伝達物質がシナプス後膜にあるイオンチャンネル内蔵型受容体に結合すると，シナプス後細胞の軸索の起始部（軸索丘）で活動電位が発生し，興奮として軸索の末端部に伝導することになる．シナプス間隙に放出された後の神経伝達物質は，酵素により直ちに分解されるか，軸索末端で回収される．

神経伝達物質にはシナプス後細胞を脱分極させる興奮性と，過分極させる抑制性のものがある．

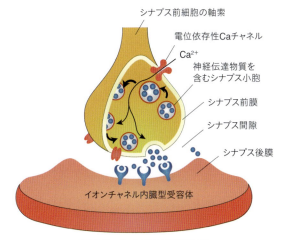

図 5.7　シナプスの興奮伝達

グルタミン酸は興奮性の神経伝達物質で，γ-アミノ酪酸（GABA）やグリシンは抑制性の神経伝達物質である．中枢神経系において興奮性と抑制性のニューロンは，多数が相互に複雑にシナプスを作っており，連携し合うそれらの電位が加重，あるいは低減されることで，ニューロン間の興奮性あるいは抑制性の伝達が多様に調整されている．

(6) 神経筋接合部の伝達

神経筋接合部は，運動神経の軸索末端と横紋筋との接合部のことで，運動終板ともいわれる（図5.8）．この神経伝達物質はアセチルコリンである．活動電位の刺激で放出されたアセチルコリン

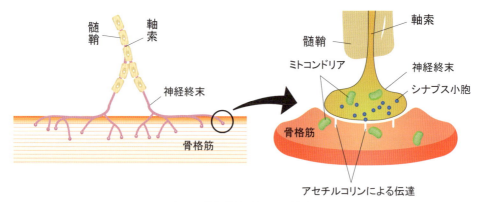

図5.8　神経筋接合部の伝達機能

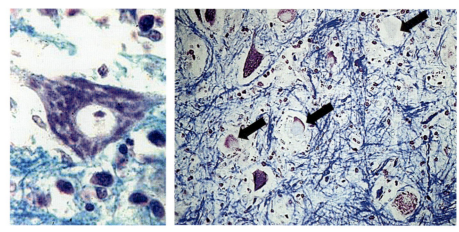

図5.9　神経細胞体のニッスル小体（左：正常）と色質融解（右：矢印）

が，筋細胞膜にあるアセチルコリン受容体に結合すると同時にナトリウムチャネルが開口し，細胞内のNa^+のイオンが増大することで，筋細胞膜に脱分極が生じる．脱分極による電位が閾値に達すると運動神経からの興奮が筋肉に伝達することになる（5.5.2参照）．放出されたアセチルコリンは，コリンエステラーゼにより分解されることで興奮伝達が終了する．

5.2　神経系にかかわる病

5.2.1　神経細胞の色質融解

　神経細胞体では，タンパク質の合成の場である粗面小胞体が発達している．神経細胞の粗面小胞体はニッスル小体とよばれ，虎の紋様に似ていることから虎斑ともいう．軸索が傷害されると，神経細胞体のニッスル小体が消失する現象がみられる（図5.9）．これが色質融解（虎斑融解あるいは中心性色質融解ともいう）で，主に延髄や脊髄の神経細胞体にみられる．

5.2.2　軸索変性

　中枢神経細胞の軸索が傷害されると，傷害部位が膨化する．これがスフェロイドとよばれる（図5.10）．膨化した部位には，変性した中間径フィラメントであるニューロフィラメントや細胞小器官が集積している．脳軟化や脳炎の病変部位，神経軸索ジストロフィーの大脳白質で，また加齢性変化として延髄に見られることがある．

　微小管阻害作用を有する抗がん薬の毒性変化として末梢神経の軸索変性が知られている．

5.2.3　脱髄（髄鞘崩壊）

　中枢神経系の髄鞘を構成するオリゴデンドロサイトが変性・傷害されると，髄鞘の細胞質が水腫

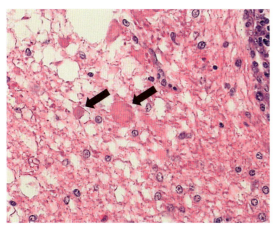

図 5.10 脳軟化部位のスフェロイド（矢印）

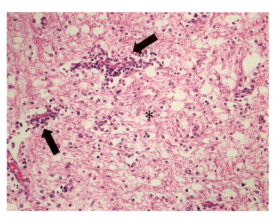

図 5.11 イヌのジステンパー感染症の脳病変：脱髄（＊）と血管周囲性の炎症細胞反応（矢印）がみられる

性に拡張し，酷くなると髄鞘が崩壊する．これが脱髄とよばれる．抗結核薬イソニアジドや，農業用の抗菌薬ヘキサクロロフェンによる脳の毒性変化として，またイヌのジステンパーなどのウイルス性脳炎で見られることがある（図5.11）．

また，末梢神経の髄鞘を構成するシュワン細胞が傷害されるとランビエの絞輪近辺から崩壊が始まるが，軸索は比較的保たれ，髄鞘には断片的な変化が生じる．これを末梢神経の節性脱髄という．抗マラリヤ薬クロロキンや鉛中毒の毒性変化としてみられることがある．鳥類ではビタミンB_2欠乏症で生じることが知られている．

5.2.4 グリア結節と神経食現象

ミクログリアは脳軟化や脳炎などの際に，崩壊した組織を貪食し処理する．このようなミクログリアを脂肪顆粒細胞あるいは格子細胞という．日本脳炎，イヌジステンパー，狂犬病などのウイルス性脳炎では，傷害された神経細胞の周囲にミクログリアが集簇する神経食現象や，脳の炎症部位に集簇するグリア結節がみられる．

5.2.5 筋萎縮性側索硬化症

随意運動を司る神経細胞体が障害されることで，運動神経が支配する筋肉が徐々に萎縮をきたす疾患である．運動や嚥下などの随意運動ができなくなる．運動神経以外の神経系組織は正常に機能することから，意識障害，感覚障害や排尿障害などはみられない．

5.3 感覚器系

感覚器系は刺激を感じ取り，その刺激を受け取り信号に変換する器官である．刺激を受容する細胞が感覚細胞で，その興奮は電気信号として感覚神経を介して脳や脊髄に伝わる．感覚細胞が感知できる特異的な刺激を適刺激，感知できない刺激を不適刺激という．外部からの刺激による視覚，聴覚，嗅覚，味覚，皮膚感覚は外受容感覚（外感覚），筋肉・腱・血圧など体内の状態を感知するのが内受容感覚（内感覚）である．

5.3.1 視　　覚

眼球の構造を図5.12に示す．光は角膜から入り，水晶体，硝子体を経由し網膜に達する．眼球の最外層は強膜で，その内側に光を通さない脈絡膜と色素細胞層がある．色素細胞層の内層が網膜となる．

網膜には，黄点（黄斑）と盲点（盲斑）がある．黄斑はややくぼんだ黄色状の斑点で，ここに視細胞が密集しており，感度が最も高い．盲斑は，網膜の神経節細胞の視神経線維が束状に集まり，網膜から脳に向かう部位で，視細胞はなく視覚は感じない．盲斑は視神経乳頭ともよばれ，網膜に分

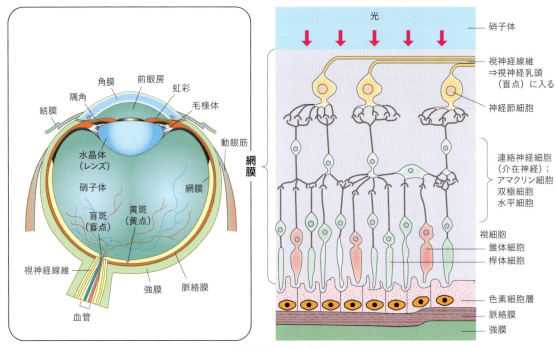

図 5.12　眼球の構造

布する血管も出入りしている．

　網膜には 2 種類の視細胞がある．桿体細胞は微弱な光を感じることができるが，色の区別はできない．錐体細胞は，明るいところで機能し，色を認識することができる．

　桿体細胞も錐体細胞も細長い細胞で，色素細胞層に向かって内節と外節とよばれる構造がある．桿体細胞の外節の膜には光を感じるロドプシン（視紅）と言われる感光物質が含まれている．ロドプシンが光刺激を受けるとオプシンとレチナール（ビタミン A から作られる補欠分子族）に分解され視黄となり，さらに光刺激を受けると視白に変化し，光に対する感受性が低下する．暗闇では視白から視紅が合成されることで，薄暗くなってもわずかな光でものが見えるようになる（暗順応）．一方，暗闇から明るいところに出るとまぶしいが，しばらくすると見えるようになる．これは桿体細胞のロドプシンが分解されて感度が低下することによる（明順応）．ロドプシンの合成にはビタミン A から作られるレチナールが必要なた

め，ビタミン A 欠乏症では夜盲になる．

　錐体細胞に含まれるオプシンは，アミノ酸配列の違いによって三種類あり，それぞれ赤，緑，青の光を吸収する．どの錐体細胞がどれだけ興奮するかで色を認識している．錐体細胞のオプシンはフォトプシンともよばれ，暗所でも明所でも常に生理活性を有している．

　視細胞からの刺激は電気信号となり，水平細胞，双極細胞，アマクリン細胞からなる連絡神経細胞によって，網膜の最内層に分布する神経節細胞に伝わる．神経節細胞の神経線維は視神経乳頭から出て脳につながっている．

　視覚情報は，脳底部にある視交叉を介し視床を経て大脳皮質の視覚野に伝わるが，左眼と右眼で処理された左視野の視覚情報は右脳半球へ，一方左眼と右眼の右視野の情報は左脳半球に入る．

　イヌやネコなど夜行性動物は暗闇で目が光って見えることがある．これは，脈絡膜の内側に輝板（タペタム）といわれる微弱な光を反射する構造があるためである．これにより網膜の光受容体を

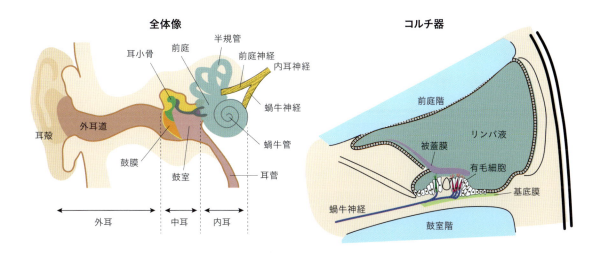

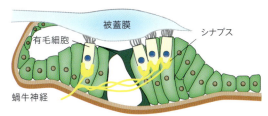

図 5.13 耳の構造

より活性化させ，暗闇でもものが見える．

5.3.2 聴覚と平衡覚

耳の構造を図5.13に示す．耳は，外耳，中耳，内耳の三つの部分に分かれる．内耳にあるうずまき管（蝸牛管）が聴覚器で，前庭と半規管が平衡器になる．聴覚器は音波を受け取る感覚器で，平衡器は体の傾きや回転を受けとる受容器である．

音波による鼓膜の振動は，内耳にある耳小骨（つち骨，きぬた骨，あぶみ骨）で増幅され，うずまき管のリンパ液を波動させる．その波動により蝸牛管にあるコルチ器の基底膜が上下に振動する．その振動により，基底膜上方に配列している有毛細胞（聴細胞）とそれを覆う被蓋膜（おおい膜）とが接触することで脱分極が生じる．脱分極により有毛細胞から神経伝達物質が分泌されると，音の情報が蝸牛神経（聴神経）に伝わり，聴覚となる（図5.13）．

前庭の有毛細胞の上方には平衡砂（耳石）があり，身体の傾きにより動くことで有毛細胞に電位変化が生じる．また，半規管にある有毛細胞は体の前後左右の体位をリンパ液の流れを介し感じとる．有毛細胞が傾きと回転を感知し，その情報を前庭神経に伝えることで平衡覚を感じる．

前庭神経と蝸牛神経は，ともに脳神経の一つである内耳神経を介して脳に伝わる．

5.3.3 嗅　　覚

嗅覚器は，空気中の化学物質を適刺激として感じる感覚器で，鼻腔の嗅粘膜に並んでいる嗅細胞（嗅神経上皮）が受容器となる（図5.14）．嗅細胞頂端側の線毛に受容体があり，臭いとなる化学物質が結合することで活動電位が発生し，その刺激が長く伸びる軸索を経由し脳の嗅球(嗅脳)に伝わることで嗅覚となる．ヒトでは約400個の受容体があるとされ，一つの嗅細胞に複数の受容体が存在している．嗅細胞は，感覚神経の末梢が特殊化したもので，原始的な神経細胞とされる．

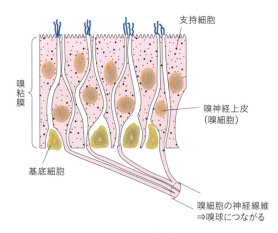

図5.14　嗅細胞

5.3.4　味　覚

舌の表面のざらざらした部分に味覚乳頭とよばれる組織構造がある．味覚乳頭には，味を感じる受容器である味覚芽（味蕾）が集まっている．味覚芽は軟口蓋の粘膜にも散在している．味覚芽には，上皮細胞から分化した味を感じる受容細胞（味細胞）がある．

味覚芽の味孔から入る化学物質が，味細胞の頂端面の微絨毛にある受容体に結合することで細胞内に電気信号が生じ，電位依存性イオンチャネルが開く．流入したイオンにより味細胞から神経伝達物質が分泌される（図5.15）．その刺激が味覚神経から脳に伝わり味覚を感じる．味細胞では，糖，アミノ酸，塩類，酢酸，カフェインなどが化学的な味成分となり，それぞれ甘味，旨味，塩味，酸味，苦味を感じる．

5.3.5　皮膚感覚

皮膚感覚には，触覚，圧覚，痛覚，温度覚（冷覚・温覚）がある．感覚神経の軸索の終末部が特殊に変化することで，独特の受容器になっている．例えば圧覚はマイスナー小体とパチーニ小体により感じる．マイスナー小体は神経終末部が渦巻き状となり表皮に近接する真皮乳頭部に分布している．一方，パチーニ小体は神経終末部が同心円状の構造をとり真皮の下層に分布している．痛覚では感覚神経の神経終末部の自由末端が表皮−

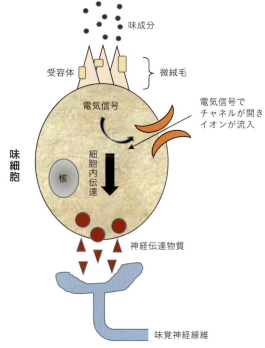

図5.15　味細胞の味の情報伝達

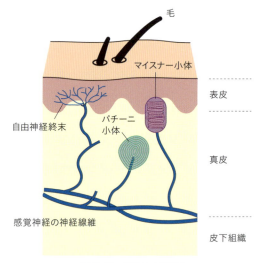

図5.16　皮膚の感覚器

真皮近接部で樹状に分布している（図5.16）．

皮膚の感覚受容器は，接触，圧力，伸展，振動や温度などの機械的刺激を感覚神経の神経線維を介して脳に伝えている．一方，ケガや炎症時に感じる痛みは，損傷組織や炎症細胞から分泌される発痛物質であるヒスタミン，セロトニン，ブラジキニンなどが関与している．ヒスタミンやセロト

ニンは痒み成分としても知られている．

5.3.6 内受容感覚

骨格筋や腱には，身体の状態を，感覚神経を介し中枢へ伝える自己受容器がある．骨格筋では筋紡錘が，腱では腱紡錘が自己受容器としてあり，筋や腱の伸び過ぎや縮み過ぎを感知し，姿勢保持，協調運動の調節や膝蓋腱反射にかかわる．また，大型の動脈には，血液中のO_2やCO_2分圧，pHを感知する頸動脈小体や大動脈小体が化学受容器としてあり，頸動脈洞や大動脈弓には血圧を感知する圧受容器がある．これらの感覚器は深部感覚として生理機能の維持にかかわっている．

なお，腹痛や頭痛などの内臓痛は，感覚性のみならず情動性の影響もあるとされ，脳神経学的には複雑な要素を含んでいる．

5.4 感覚器系にかかわる病

5.4.1 白内障

水晶体は，規則正しく配列する上皮細胞と水晶体線維，そして上皮細胞から産生されるクリスタリンタンパク質からなっている．白内障は本来透明である水晶体が白濁することで（図5.17），可視光が乱反射して網膜に光刺激が届かなくなる．糖尿病やステロイドの副作用によるグルコース代謝障害の結果，水晶体内の電解質のバランス破綻が生じクリスタリンタンパク質が変性・凝集することで生じる代謝性白内障，年齢とともに水晶体線維が変性することによる加齢性白内障などがある．まれではあるが先天性白内障もある．

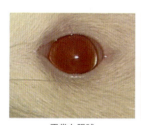 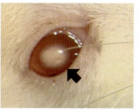

正常な眼球　　　　白内障

図 5.17 ラットの薬物誘発性白内障
(Asha RM., et al., *Chemico-Biological Interactions*. 2016, 20-29)

5.4.2 緑内障

眼球内は，前眼房を満たしている眼房水により一定の圧（眼圧）が維持されている．緑内障は，眼房水の排泄障害により眼圧が異常に亢進した状態である．眼房水は虹彩の基部にある隅角（ぐうかく）から排泄されるが，ブドウ膜炎（毛様体炎，虹彩炎，脈絡膜炎など），白内障による水晶体腫大，眼内腫瘍などで隅角が損傷されると，排泄障害が生じ緑内障になりやすい．また，先天的な排泄障害による原発性（先天性）緑内障もある．高度の緑内障では，網膜の萎縮や視神経乳頭が陥凹し視力障害が生じる．緑内障での眼球腫大は巨眼症あるいは牛眼症と称されることがある．

5.4.3 加齢性黄斑変性症

網膜の黄斑には視細胞が多く分布している．加齢性黄斑変性症は，加齢に伴い黄斑部分に血管が増生したり，出血や浮腫が生じることで，網膜が変性し，その結果視力が低下し，ものがゆがんで見える（歪視）疾患である．

5.4.4 難聴

難聴は有毛細胞の損傷により生じ，多くは不可逆的とされる．加齢に伴い有毛細胞の機能が徐々に低下することで生じる加齢性難聴は良く知られているが，ストレス・疲労，血流障害，ウイルス感染など，はっきり原因が特定できない難聴も多く，突発性難聴といわれる．大きな音を長時間聞き続けることで聴覚機能が劣化するイヤホン難聴は近年問題となっている．アミノ配糖体抗生物質であるカナマイシンやゲンタマイシン，またアミノグリコシド系抗菌薬は，副作用として有毛細胞のアポトーシスによる細胞死や，活性酸素の過剰産生による細胞傷害を引き起こすことがある．これらを薬物性難聴とよぶ．

5.5 運動器系（骨格筋・骨・関節）

運動器系とは，身体を支え，可動性運動を可能にする器官で，骨や関節などの骨格系と，それら

に連動する骨格筋，腱および靭帯が含まれる．

5.5.1　骨格筋の構造

骨格筋は，筋周膜に包まれた多くの筋線維が束状に集まった組織である．筋線維は，筋芽細胞から発達した筋管が癒合することで形成され，多数の核を持った細長く巨大な一つの細胞である．筋線維（筋細胞）には小さな束状の筋原線維が規則正しく配列しており，核は筋線維膜（筋細胞膜・筋内膜）の直下に配列している（図5.18）．

筋原線維は，アクチン（細い線維）とミオシン（太い線維）とよばれるタンパク質が平行に配列した構造を有し，その配列のパターンにより骨格筋は明暗の縞構造（横紋）を示す．明るい部分が明帯（I帯）で，暗い部分が暗帯（A帯）となる．明帯の中央にはZ膜（Z板）とよばれる仕切りがあり，Z膜にはさまれた一区分をサルコメア（筋節）という（図5.18）．サルコメアは筋原線維の構造上の単位となる．

骨格筋はヘムタンパク質であるミオグロビンを含んでいる．ミオグロビンは，ヘモグロビンと同様に酸素と結合するが，ヘモグロビンよりも酸素親和性が高く血中の酸素を効率よく筋肉組織に運搬している．ミオグロビンの含量により，骨格筋は，含量の多いI型筋線維と，少ないII型筋線維に分けられる．I型は赤色筋あるいは遅筋とも言われ，収縮は遅いが持久力に富み疲労し難い．II型は白色筋あるいは速筋ともいわれ，収縮は速く瞬発力に富むが疲労しやすいとされる．抗重力筋であるヒラメ筋はI型，広背筋はII型の代表としてそれぞれ知られている．

5.5.2　骨格筋の収縮の仕組み

神経筋接合部において，運動神経の末端から神経伝達物質のアセチルコリンが分泌されると，筋線維の細胞膜受容体のイオンチャネルが開口し活動電位（脱分極）が発生する．活動電位は，細胞膜が陥入して伸びたT管（transverse tubule）を介して細胞深部の筋小胞体膜に伝わり，筋小胞体のカルシウム遊離チャネルからCa^{2+}が放出される．Ca^{2+}がトロポニンと結合すると，アクチン線維に付着していたトロポミオシンが緩む．するとミオシン頭部に含まれるATP分解酵素が活性化し，ATPを消費してアクチンフィラメントを引き寄せることで，サルコメア単位で滑り運動が生じる（図5.19）．その結果，筋肉が収縮する．いったん放出されたCa^{2+}が筋小胞体にふたたび取り込まれると，ミオシンとアクチンフィラメントの結合が解除され，筋肉が弛緩する．

5.5.3　骨格筋・心筋・平滑筋の比較

筋組織は，収縮性に富んだ組織で，身体には

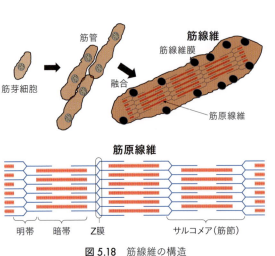

図5.18　筋線維の構造

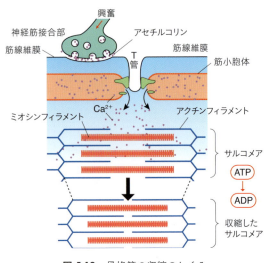

図5.19　骨格筋の収縮のしくみ

骨格筋に加え，心筋と平滑筋がある（表5.3・図5.20）．

(1) 構造の比較

骨格筋と心筋は規則的な横紋を有する横紋筋である．骨格筋は敏速に収縮し疲労しやすいが，心筋は自動性・規則性があり全体で収縮するが疲労することはない．平滑筋は単核の紡錘形をした細胞で横紋はない．平滑筋は緩やかな持続性のある収縮をし，疲労しにくい．形態学的には，骨格筋は筋線維が長く多核であるのに対し，心筋は単核で分枝している．

平滑筋は，血管壁（血液の流れの調節），消化管（蠕動運動・分節運動），気管・気管支（呼吸運動の調節），子宮（収縮性・弾力性），膀胱（尿の貯留と排泄の運動）などの内臓組織を構成している．よって，平滑筋と心筋は内臓筋と総称される．骨格筋は随意筋であるが，心筋と平滑筋は不随意筋である．

(2) 収縮機能の比較（表5.3）

①心筋

心臓は自動的に規則正しく拍動する．これは，心筋に備わっている刺激伝導系による．刺激伝導系は，電気刺激を伝えやすい特殊な心筋からなる．電気信号は洞房結節で発生し，左右心房の心筋を通って房室結節に，さらにヒス束に伝わり，最終的にプルキンエ線維に伝達される（図5.21）．この一連の電気信号の流れが1回の拍動となる．心筋細胞は隣接する細胞とギャップ結合により電気的につながっており，それを介し活動電位が規則的に心筋内を次々と伝播する．

心筋の収縮システムは骨格筋とほぼ同じであるが，ただしT管のカルシウムチャネルを介し

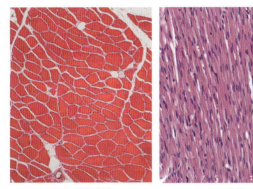
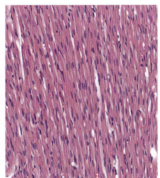
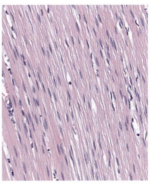

骨格筋（横断面）　　　　　心筋　　　　　平滑筋

図5.20 筋肉の組織像

表5.3 筋肉の特性比較

	骨格筋	心筋（内臓筋）	平滑筋（内臓筋）
部位	骨格（骨に付着）	心臓	消化管，膀胱，子宮や血管などの内臓
筋組織	横紋筋（多核）	横紋筋（単核あるいは2枚）	平滑筋（単核）
収縮	随意筋	不随筋	不随筋
収縮用カルシウム源	筋小胞体（活動電位刺激）	筋小胞体（カルシウム誘導性カルシウム遊離）	細胞外カルシウムと小胞体
カルシウム結合部位	トロポニン	トロポニン	カルモジュリン
神経支配	運動神経	自律神経 刺激伝導系（自動的心拍動）	自律神経

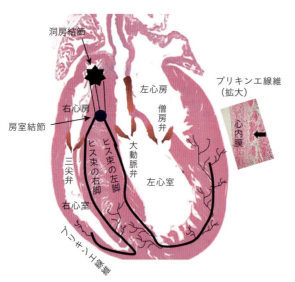

図5.21 心筋の刺激伝道系（ペースメーカー機能）の概略

てCa²⁺が細胞外から流入することで筋小胞体からCa²⁺が放出され心筋が収縮する点が異なる（カルシウム誘導性カルシウム遊離機構）．

心筋のリズムは交感神経と副交感神経（迷走神経）によって調節されている．激しい運動時に血液中のCO₂分圧が高くなると心拍動中枢の延髄から信号が心筋に伝わることで，交感神経の末端からノルアドレナリンが分泌され，洞房結節が刺激を受けて拍動数が増加する（7.4節参照）．

②平滑筋

平滑筋は，ミオシンフィラメントが細胞質全体に分散し，T管や小胞体が発達していない．また，トロポニンがない．よって，収縮時に必要なCa²⁺は細胞外から流入し，カルモジュリンと結合すると，その複合体がミオシン軽鎖キナーゼを活性化し，ミオシン頭部をリン酸化することでミオシンATP分解酵素が活性化される．そのエネルギーを利用し平滑筋が収縮する．細胞内のCa²⁺濃度が低下すると平滑筋は弛緩する．平滑筋は自律的な収縮と，自律神経の刺激時のみに収縮するものがある．横紋筋に比べ収縮速度は遅い（表5.3）．

5.5.4 骨（硬骨）・軟骨

骨・軟骨は，身体の支柱，可動運動，そして内臓器を保護する役割があるとともに，骨には骨髄があり造血機能がある．

(1) 骨

骨には，管状骨（長管骨と短骨），扁平骨と不規則骨がある．長管骨は管状の長い骨で，上腕骨，橈骨，尺骨，大腿骨，脛骨など，短骨は短くやや不規則な形をした骨で，手根骨や足根骨を構成する小さな骨が含まれる．扁平骨は頭頂骨や側頭骨など頭蓋骨を形成する骨で，骨と骨が縫合により連結しているのが特徴である．椎骨，寛骨，顎骨など形状や大きさが不規則になっている骨が不規則骨である．骨は表面の硬い皮質骨（緻密骨）と，内部にあるスポンジ状の海綿骨からなり，海綿骨の部位に骨髄がある（図5.22）．

管状骨は，骨幹，骨幹端，骨端に大別される（図5.22）．骨端と骨幹端の間には骨端軟骨（成長板）が存在し，骨端の関節面には骨と骨をつなぐ関節を構成する関節軟骨がある．成長板は，軟骨内骨化により骨の伸長，身体の成長にかかわる．

脊柱を構成する脊椎は，頚椎，胸椎，腰椎，仙椎（癒合し骨盤の一部を構成）と尾骨の領域に分けられる．ほ乳類の頚椎は基本7個である．脊椎と脊椎の間には椎間板がある．椎間板の中心には軟骨と脊索の遺残を含む髄核があり，その周りに線維輪（輪状に取り巻く膠原線維）がある．脊髄は脊椎の椎体の脊椎孔を通る．

骨は，骨芽細胞による骨基質の形成と，破骨細胞によるカルシウム成分の吸収により常に代謝されている．骨皮質は，骨芽細胞が産生するI型コラーゲンとリン酸カルシウムの一種であるハイドロキシアパタイトから成り，極めて硬い骨基質を形成している．骨皮質には，血管・神経が走行するハバース管と骨細胞（骨芽細胞に由来）を容れた骨小腔が散在している（図5.22）．破骨細胞による骨吸収は，パラソルモンにより促進され，カルシトニンにより抑制される．

5.6 運動器系にかかわる病

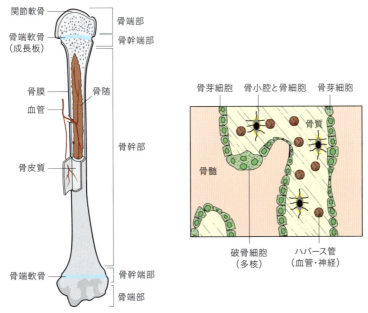

図 5.22 骨の構造

(2) 軟　骨

　軟骨は，軟骨細胞と軟骨基質からなる．軟骨基質はⅡ型コラーゲンとプロテオグリカンを主成分としている（2.7節参照）．高い保水力を有し，組成の違いにより硝子軟骨，線維軟骨，弾性軟骨がある．関節軟骨の大半は硝子軟骨である．

(3) 腱

　腱は，骨と筋肉をつなぐ線維性結合組織である．通常の線維性結合組織に比べ，腱ではⅠ型コラーゲンが束状に緻密に配列することで堅固な組織となっている．腱の膠原線維の間には，線維芽細胞が散見される．アキレス腱は，下腿部の腓腹筋・ヒラメ筋と踵骨隆起をつなぐ最大かつ最も強い腱組織として知られる．

5.5.5 関　節

　関節は，骨と骨をつなぐ部分で，膝（膝関節），肘（肘関節），肩（肩関節），顎（顎関節）など，身体にはいくつもの関節がある．
　関節は，関節包（関節嚢）に包まれており，潤滑油の役割をする関節液を産生する滑膜が内張りしている（図5.23）．関節の両端の骨端は，関節

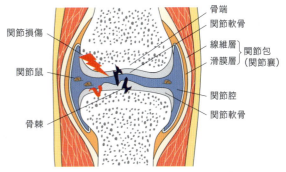

図 5.23 関節の構造と，変形性関節症の病像

軟骨が被っており，関節にかかる衝撃を吸収し，関節をなめらかに動かす役割がある．関節間を強固につなぐために靭帯（膝関節の十字靭帯など）も備わっている．

5.6 運動器系にかかわる病

5.6.1 筋ジストロフィー

　筋線維には，アクチンと筋細胞膜とを連結するジストロフィンとよばれるタンパク質がある．遺伝子変異によってジストロフィンが欠損する疾患が筋ジストロフィーである．いくつかの型があるが，伴性潜性遺伝病として知られるデュシェンヌ型筋ジストロフィーが良く知られている．小児期

に発症し，筋肉の萎縮・変性，時に再生を繰り返しつつ徐々に筋力が低下し，歩行不能となる．特徴的な症状として，萎縮した下腿筋に置き換わるように脂肪組織や結合組織が増加する結果，筋組織全体が硬くやや大きく見えることがある．このような病態を仮性肥大という．

5.6.2 筋肉の神経原性群萎縮

運動神経の障害により骨格筋に萎縮が生じることを神経原性筋萎縮という．ある運動神経の支配領域にある骨格筋がまとめて萎縮することから，群萎縮ともいう．運動神経のうち神経細胞体がある腹角（前角）に近い神経線維が障害されると，支配領域が広範囲に及ぶことから，筋線維が広く萎縮する．これを大群萎縮という．一方，運動神経の遠位部（筋肉に近い神経線維）が障害されると小群萎縮が生じる（図5.24）．

5.6.3 サルコペニア

サルコペニアは，進行性・全身性の骨格筋量減少と筋力低下を特徴とする高齢者に見られる症候群で，生命予後に影響する老化現象とされる．広背筋，腹筋や臀筋など抗重力筋に主にみられ，運動量の著しい低下につながる．高齢者にみられるものを一次性サルコペニア，低栄養状態や悪性腫瘍などの悪液質の患者における活動量低下に伴う筋肉量の減少を二次性サルコペニアとよぶ．

5.6.4 変形性関節症

関節軟骨に生じた変性・損傷の影響で，関節の可動性が低下する疾患である．高度になれば周囲の筋肉や腱などを含めた関節拘縮に陥る．加齢に伴う軟骨の脆弱化，外傷や不規則な関節運動による損傷などが原因で，長引くと関節に炎症が生じる．損傷部位には，軟骨内骨化による骨棘が形成されたり，変性軟骨や炎症細胞などの組織塊が関節腔に遊離した関節鼠（ジョイントマウス）が見られることがある（図5.23）．膝関節に多い．

5.6.5 骨粗しょう症

骨芽細胞の増殖能やⅠ型コラーゲン産生の低下により，骨量と骨密度が病的に減少する病態で，特に海綿骨の骨基質の萎縮が特徴とされる．女性ホルモンが骨形成と関連しているため，閉経後の高齢女性に多い．また，加齢に伴う運動量の減少や栄養不良，長期にわたるステロイド剤の副作用なども関与する．骨質が脆弱となって骨折しやすくなり，特に脊椎骨の圧迫骨折や大腿骨の頭頸部骨折が生じやすい．

5.7 消化器系

消化器系とは口から取り込んだ食物を身体に必要な栄養素として利用するために消化し，吸収・代謝するとともに，不消化物を排泄する器官である．消化管と付属腺（消化液を分泌），肝臓・膵臓からなる．

5.7.1 上部消化器
（口腔，歯，咽頭，食道，唾液腺）

口腔では，食物は歯（切歯・犬歯・臼歯）により咀嚼されるとともに，唾液腺（耳下腺・顎下

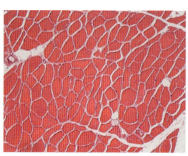
正常な横紋筋

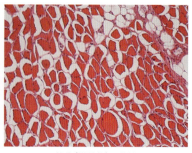
筋肉(横紋筋)の萎縮

図 5.24 横紋筋の群萎縮

腺・舌下腺）から分泌されるアミラーゼによりデンプンが少糖に加水分解される．食物は嚥下により食道に入る．食道の上方は横紋筋で，食べ物を随意的に嚥下し，下方では平滑筋による蠕動で食物を胃に運ぶ．食道は，表皮と同様に重層扁平上皮により被われている．また，唾液には殺菌作用のあるリゾチーム，上皮成長因子や神経成長因子などケガを修復する因子が含まれている．

5.7.2 胃

胃の粘膜は，粘膜上皮とその下方にある胃底腺（固有腺）からなる．粘膜上皮に近い胃底腺の頸部には粘液細胞（副細胞）があり，粘液を分泌している．胃底腺にある主細胞から分泌されるペプシノーゲンは，傍細胞（壁細胞）から分泌される塩酸（pH 2.5）により活性化され，タンパク質分解酵素ペプシンに変わる．ペプシンはタンパク質をポリペプチドへと分解する．胃底腺の底部にはガストリンを分泌する内分泌細胞が散在している（図26）．食物刺激により血中に分泌されたガストリンは，胃壁を刺激することで胃液の分泌を促進し，消化を助けている．

5.7.3 腸

小腸は十二指腸，空腸，回腸から，大腸は盲腸，結腸，直腸からなる（図5.25）．直腸の末端が肛門で，括約筋（横紋筋）がある．

小腸と大腸の基本構造は同じで，腸管の内側から粘膜上皮，粘膜固有層，粘膜筋板，粘膜下組織，環状筋，縦走筋そして最外側には漿膜がある．粘膜筋板，環状筋，縦走筋は平滑筋で，腸の蠕動運動や分節運動を起こす．これら筋層の間には神経叢（神経細胞の集まり）がある．

粘膜上皮と粘膜下組織は，ヒダ状となり腸絨毛を形成している（図5.27）．粘膜下組織には毛細血管と乳び管（毛細リンパ管）が入り込んでいる．粘膜上皮は単層円柱上皮で，頂端面の細胞膜には微絨毛がある．微絨毛は，栄養素や水分を吸収するために細胞膜の表面積を広げる効果がある．粘膜上皮の間には粘液を分泌する杯細胞が散在し，特に大腸で数多く見られる．

消化の主体は膵液や胆汁が流れ込む十二指腸である．消化酵素の特性を図5.28に示す．空腸と回腸で消化された栄養素や水分を吸収する．腸絨毛の毛細血管からはアミノ酸やグルコースなどの糖類が吸収され肝門脈から肝臓に運ばれる．脂肪酸やモノグリセリドは吸収されると直ちにリポタンパク質と結合しキロミクロン（脂肪粒）となり乳

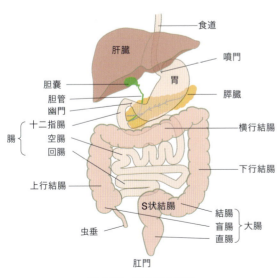

図 5.25 消化管の構造

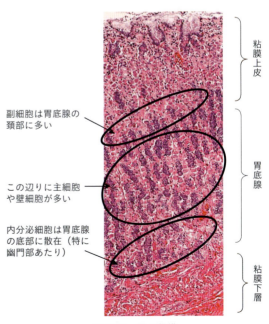

図 5.26 胃の組織

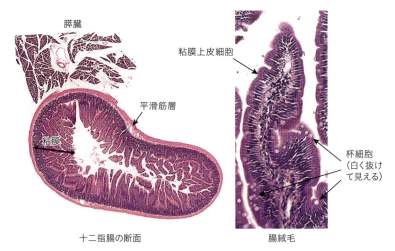

図 5.27 十二指腸と腸絨毛

部位	酵素	基質	生成物	最適pH
唾液	アミラーゼ	デンプン グリコーゲン	デキストリン→麦芽糖	
膵液	アミラーゼ			
小腸（上皮細胞）	マルターゼ	マルトース	グルコース	pH7（中性）
	ラクターゼ	ラクトース	グルコース＋ガラクトース	
	スクラーゼ	スクロース	グルコース＋フルクトース	
胃液	ペプシン	タンパク質	ペプトン（さまざまな大きさのペプチドの混合物）	pH2
膵液	トリプシン	ペプトン	ペプチド＋アミノ酸	pH8
	ペプチダーゼ			
小腸	ペプチダーゼ	ペプチド	アミノ酸	
膵液	リパーゼ（胆汁による乳化）	脂肪	脂肪酸＋モノグリセリド	pH7〜8
			リポタンパクが結合しキロミクロン（脂肪粒）となり、乳び管に吸収される	

図 5.28 消化管での消化酵素と生成物

び管へと流れ，その後腸管のリンパ管⇒胸管⇒左鎖骨下静脈に運ばれて全身循環に入る．

大腸には腸絨毛がない．結腸と直腸では主として水分の吸収が行われる．ヒトでは盲腸の先に小指程度の虫垂があり免疫にかかわるリンパ球が発達している．大便は大腸から肛門を経由し排泄される．

ビタミンB群やビタミンKなど補酵素として働くビタミン類の一部は腸内細菌により合成され腸から吸収されている．

腸は，一般的に草食動物では長く，肉食動物では短い．ウシやヤギなどの反芻動物は胃が4つあり，特に第1胃に常在する微生物（細菌，プロトゾアや真菌など）がセルロース分解酵素を産生するため，ヒトでは消化できない食物繊維を分解し，栄養素としている．

5.7.4 肝　　臓

肝臓は，最も大きい器官で，多様な機能を有する身体に取って重要な臓器である．主な機能は栄養素の代謝，胆汁の生成，解毒，尿素の合成，ビタミン類の貯蔵や体温調節などである．

肝臓は多数の肝小葉からできており，これが肝組織の栄養代謝の基本単位となる．肝小葉には肝細胞が規則正しく配列し肝細胞索を形成している

5.7 消化器系

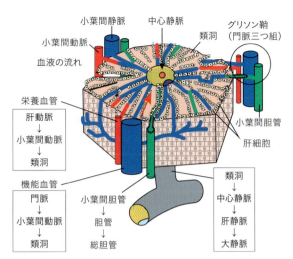

図5.29　肝小葉の構造と血液の流れ

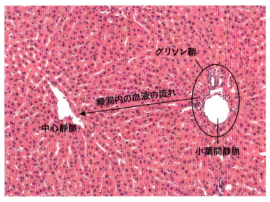

図5.30　肝小葉の組織像

（図5.29・図5.30）.

　肝門脈から吸収された栄養素は，小葉間静脈を経て類洞（毛細血管）に入り，類洞から肝小葉の中心にある中心静脈へと流れる（図5.29）．その間に肝細胞では，身体に必要な物質が合成され，中心静脈から肝静脈を経て大静脈に入り全身循環する．特に，腸から吸収されたグルコースやアミノ酸からはそれぞれグリコーゲンや身体に必要な各種のタンパク質が合成される．

　肝臓で作られた胆汁は小葉間胆管を経て胆嚢に蓄えられ，十二指腸に直接排泄される．胆汁酸，ビリルビンやコレステロールが含まれており，十二指腸で食物中の脂肪を乳化することでリパーゼの働きを助けている．胆嚢はヒト，イヌやネコなど多くの動物にあるが，ウマ，シカ，ラット，ハトにはない．

5.7.5　膵　　臓

　膵臓には内分泌と外分泌の両方の機能がある．膵臓の内分泌腺は，外分泌腺組織の間に散在している膵島（ランゲルハンス島）にあり，血糖値を下げるインスリンを分泌するB（β）細胞と，血糖値を上げるグルカゴンを分泌するA（α）細胞を備えている（図5.31）．外分泌腺には消化酵素を合成するチモーゲン顆粒が含まれ，十二指腸に膵液を分泌している．膵液には，グリコーゲンを分解するアミラーゼ，ペプトンやペプチドを分解

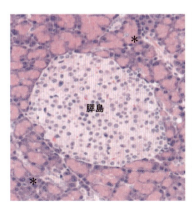

＊：周囲は外分泌腺

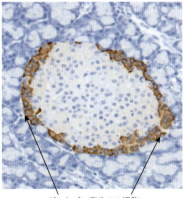

グルカゴン産生のA細胞
（膵島の辺縁に分布）

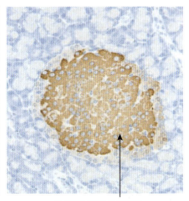

インスリン産生のB細胞
（膵島中心を広く占める）

図5.31　ラットの膵臓のランゲルハンス島（膵島）
(Kato Y, et al., Toxicologic Pathology. 2018, 660-670)

するトリプシンやペプチダーゼ，脂肪を分解するリパーゼが含まれている（図5.28）．

5.8 消化器系にかかわる病

5.8.1 肝硬変

　肝細胞の傷害と再生が慢性的に繰り返されると，肝組織に膠原線維が増生して正常な構造が崩れ，不規則な形態の肝小葉が形成される（偽小葉）．その結果，肝臓は全体として萎縮し，表面がでこぼこになり多数の結節が生じ，硬くなる．この状態が肝硬変である．肝機能障害により，腹水貯留や肝細胞性黄疸，進展すると肝細胞癌の形成に至ることがある．

　原因によってウイルス性肝硬変，アルコール性肝硬変，肝毒性物質による中毒性肝硬変（図5.32），慢性右心室不全によるうっ血性肝硬変，胆汁性肝硬変や寄生虫肝硬変（特にヒトの日本住血吸虫症やウシの肝蛭症）などがある．

5.8.2 高ビリルビン血症と黄疸

　赤血球に含まれるヘモグロビンは，ヘム色素とグロビンに分解される．ヘムはさらに分解・還元を経て非抱合型ビリルビンとなり血中でアルブミンと結合することで肝臓に運ばれ，グルクロン酸抱合により抱合型ビリルビンとなることで胆汁成分として十二指腸に分泌される．ビリルビンは糞の色に影響する．

　ビリルビンの代謝異常や排泄障害により，過剰のビリルビンが血中を循環する病態が高ビリルビン血症で，全身組織にビリルビン色素が沈着し，皮膚や白眼が黄色っぽくなることから黄疸という．赤血球に感染するピロプラズマ症，溶血を引き起こすアニリン中毒などでは，赤血球が大量に破壊されることから非抱合型ビリルビンが増加する溶血性黄疸が，ウイルス性肝炎，アルコール性肝障害や中毒性肝硬変など肝細胞機能が障害されると非抱合型と抱合型ビリルビンが増加する肝細胞性黄疸が，そして胆管炎や胆石などによる胆道系の閉塞では抱合型ビリルビンが増加する閉塞性黄疸が引き起こされる．ビリルビンが増加する機序から，これらはそれぞれ肝前性黄疸，肝性黄疸，肝後性黄疸ともいわれる（図5.33）．肝性黄疸や閉塞性黄疸では肝臓の毛細胆管に胆汁が溜まり，これを胆汁栓（胆栓）という（図5.33）．閉塞性黄疸では胆汁の流れが悪くなることから脂肪が消化され難くなり，糞が白くなる．これを白色便あるいは脂肪便という．

5.8.3 アンモニア代謝と高アンモニア血症・肝性脳症

　身体の代謝に利用されたアミノ酸や核酸からはアンモニアが産生される．アンモニアは細胞にとっては極めて有害である．肝臓はオルニチン回路によりアンモニアを無害な尿素に変えている（図5.34）．尿素は腎臓でろ過され尿から排泄されるが，一部は汗腺から汗に含まれ出て行く．

　肝炎や肝硬変などの重度の肝機能障害ではアンモニアの処理が低下し，アンモニアが血中で増加

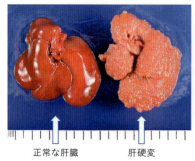
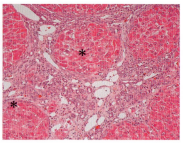

＊：偽小葉形成

図 5.32 実験的に作製されたラットの肝硬変（中毒性肝硬変）
（左は肉眼像で右はその組織像）

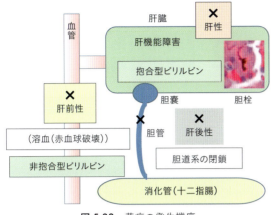

図5.33 黄疸の発生機序

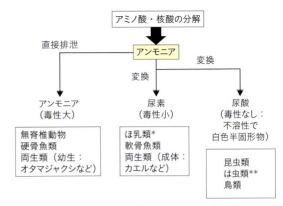

* 核酸の成分であるプリン体（アデニンやグアニン）を分解し尿酸として少量排泄している
** 陸生のカメは尿酸排泄で、水生のカメはアンモニアや尿素排泄

図5.35 窒素排泄

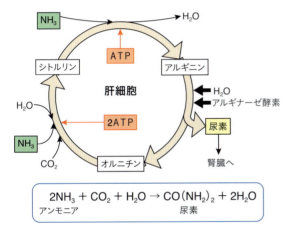

図5.34 オルニチン回路

する高アンモニア血症が生じる．アンモニアは血液脳関門を容易に通過する．アストロサイトは，脳内でグルタミン酸やアンモニアを代謝できるグルタミン合成酵素を発現しており，脳内の過剰なアンモニアはアストロサイトの代謝に悪影響を与え，核が腫大し脳全体に浮腫が生じる．その結果，意識障害や昏睡などの神経症状が起きることがある．この状態が肝性脳症といわれる．

アンモニアの代謝には動物間で違いがある．アンモニアは水に溶けやすいため，水中生活をする硬骨魚類，両生類の幼生や無脊椎動物はアンモニアを直接排泄している．軟骨魚類，成体の両生類やほ乳類は尿素として，爬虫類，鳥類や昆虫類は水に不溶の尿酸として排泄している（図5.35）．

ほ乳類は，核酸の成分であるプリン体を分解し，少量ではあるが尿酸としても排泄している．ヒトや類人猿では，プリン体の取り過ぎによる高尿酸血症や，尿酸の結晶が関節に蓄積する痛風を発症することがある（1.8.1参照）．

5.8.4 急性膵炎

膵組織が傷害されると，消化酵素により膵臓自身に壊死が生じることがある．これが急性膵炎（急性膵壊死）である．アルコールの暴飲では膵酵素が異常に活性化され，自己消化が生じやすい．

5.8.5 インスリノーマ

膵島のB細胞を起源とする腫瘍で，B細胞が増殖して過剰なインスリンが分泌されるためインスリノーマとよばれる．ヒトやイヌでまれに発生し，フェレットでは最も多い腫瘍の一つである．インスリンの作用により高度の低血糖となり，手の震え，動悸，発汗，脱力などの症状がみられる．インスリノーマの患者では，神経細胞は特に栄養源としてグルコースを必要とすることから，神経細胞体が縮小する虚血性変性がみられることがある（1.2.2参照）．

第6章 身体の構造2（循環器系・呼吸器系・泌尿器系・生殖器系）

多細胞生物は組織，器官，器官系により生命活動を維持している（第5章の表5.1・表5.2）．この章では，循環器系，呼吸器系，泌尿器系，生殖器系について説明する．

6.1 循環器系

血液，リンパ液や組織液などの体液を身体全体に流通させる器官が循環器系である．大循環，肺循環，微小循環，リンパ循環，門脈循環がある．

6.1.1 体液

血液は，赤血球，白血球と血小板などの有形成分が約45％，残りの約55％が血漿になる（図6.1）．有形成分は骨髄の造血幹細胞から作られる（図6.2）．血漿はほとんどが水分（約90％）で，加えてタンパク質（アルブミン，免疫グロブリンやフィブリノーゲンなど），グルコース，脂質，ホルモン，ビタミンなど身体の代謝に必要な物質，そして尿素などの老廃物が含まれている．

組織液は毛細血管から染み出た血漿で，含まれる栄養素や酸素は組織液を介して細胞に渡される．一方，細胞から出た老廃物は組織液から毛細血管に入る．一部の組織液は毛細リンパ管に入りリンパ液となる．リンパ液の組成は血漿に類似す

血液 ｛ 有形成分（45％）｛ 赤血球／白血球／血小板
　　　 液体成分（55％）→ 血漿

図6.1 血液の組成

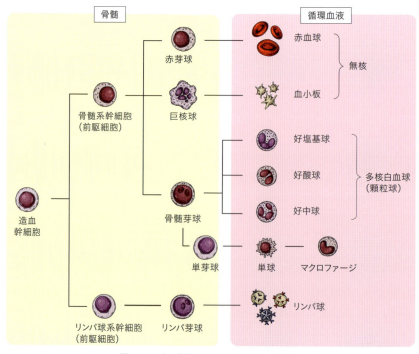

図6.2 造血幹細胞の血液細胞への分化

るが，病原体や異物などが含まれることがあり，それらをリンパ節に運ぶことで免疫システムが起動する（7.6節参照）．

6.1.2 循環（図10.15）
(1) 大循環
血液が左心室から大動脈を経て末梢の毛細血管に送られ，大静脈を経て右心房に戻るまでの循環が大循環（体循環）である（図6.3）．体循環における動脈には栄養素や酸素に富んだ血液（動脈血）が，静脈には細胞から排泄される老廃物や二酸化炭素を含んだ血液（静脈血）が流れる．

(2) 微小循環
血液は細動脈から毛細血管に入り，組織液を介して末梢組織の細胞に栄養素や酸素を渡す．一方，細胞から組織液に放出される老廃物や二酸化炭素は細静脈を経て大静脈へと流れていく．このような血液や組織液の流れを微小循環（末梢循環）という．

(3) 肺循環
右心室から肺動脈を経て肺に至り，肺胞でガス交換（酸素を取り込み，二酸化炭素を排泄）により酸素濃度が増加した血液を肺静脈から左心房に送り出す循環が肺循環（小循環）である（図6.3）．肺動脈には静脈血が，肺静脈には動脈血が流れることになる．

(4) 門脈循環
血液は動脈から毛細血管を経て静脈へ流れるが，右心房に入る前に再度毛細血管を経て静脈へとつながる血管系が門脈循環である．肝門脈循環と下垂体門脈循環がある．

(5) リンパ循環
末梢組織で組織液の一部は毛細リンパ管に入り，さらにリンパ管へと集まる．右上半身のリンパ管は右リンパ総管を経て右鎖骨下静脈へ，左上半身と下半身のリンパ管は胸管を経て左鎖骨下静脈につながる．腸絨毛に分布する毛細リンパ管（乳白色をしており乳び管ともいう）は，下半身のリンパ管と合流し，胸管を経て左鎖骨下静脈につながる．これがリンパ循環で，組織液はリンパ液を介し最終的には静脈に流れ込むことになる．

6.1.3 心臓と血管
(1) 心臓
心筋は，刺激伝道系（5.5節参照）を介し，規則正しく自動的に拍動することで血液を全身に送り出している．ほ乳類は2心房2心室で，左側の心房と心室の間に二尖弁（僧房弁），左心室と大動脈との間に大動脈弁，右側の心房と心室の間に三尖弁が，そして右心室から肺動脈の間に肺動脈弁が存在し，血流の逆流を防いでいる（図6.3）．

魚類は1心房1心室で，血液は心室からエラに流れ，そのまま体循環に入る．両生類は2心房1心室で，全身から入る静脈血と肺から来る動脈血が心室で混合し，全身に送り出される．爬虫類も2心房1心室であるが，心室に不完全な隔壁があり血液の混合は多少防がれる．鳥類は，ほ乳類と同じ2心房2心室である．

(2) 血管
血管には，動脈，静脈と毛細血管がある．

動脈と静脈は，血管内皮からなる内膜と，平滑筋や弾性線維からなる中膜，そして栄養血管や末梢神経を含む線維性結合組織からなる外膜の3層構造である．動脈は血液を身体全体に瞬時に運ぶ

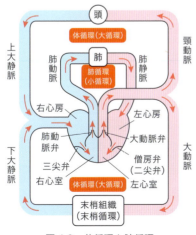

図6.3 体循環と肺循環

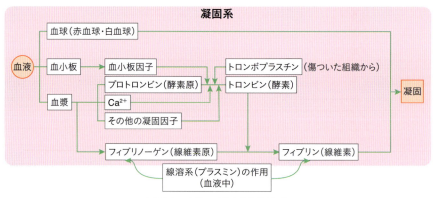

図 6.4 血液の凝固系と線溶系

ために平滑筋と弾性線維が発達しており，弾力性に富み，圧力に強い．壁の厚さも動脈が圧倒的に太く，厚さにより大動脈，中動脈，細動脈と表現する．一方，静脈は弾力性に乏しく，血液の流れは緩く，血液が逆流しないように弁がある．毛細血管は一層の内皮細胞からなる．内皮細胞間には小孔があり，血漿（組織液）が漏れ出やすいようになっている．弁はない．血管の周りには間葉系の多分化能があるとされる周皮細胞がある．

(3) リンパ管・リンパ節

リンパ管の構造は毛細血管に類似し，一層の内皮細胞からなる．リンパ管には弁があり，途中に豆粒程度の大きさのリンパ節がある．リンパ液は輸入リンパ管からリンパ節にはいり，輸出リンパ管から出て行く．リンパ節は，頸部，腋窩，そ径部，そして腹腔内や胸腔内に数多く分布している．リンパ節には免疫応答にかかわるリンパ球が集簇するリンパろ胞があり，病原体などの異物が体内に侵入することを防いでいる（7.6節参照）．

(4) 血液凝固系と線溶系

出血が生じると，血液を凝固するシステムが作動する．このシステムには13種類の因子（第Ⅰから第ⅩⅢ因子）が連鎖反応的に関与する．まず血小板から血小板因子が放出される．出血部位の組織からは凝固因子であるトロンボプラスチンが出てくる．これらと血漿にあるCa^{2+}などが協調して作用することで，プロトロンビンを活性型の

トロンビンに変える．トロンビンは血漿中のフィブリノーゲンを不溶性のフィブリン（線維素）に変える．線維状のフィブリンが血液中の有形成分を絡めることで血液が凝固する（図6.4）．

第Ⅻ因子が活性化されるとフィブリノーゲンやフィブリンを分解する酵素であるプラスミンが放出される．プラスミンは凝固した血液を溶解する（線溶系，図6.4）．

6.2 循環器系にかかわる病

6.2.1 心筋肥大と心不全

高血圧などで心臓に対する負荷が長期にわたり増大すると，心筋が肥大することがある（図6.5）．慢性的な高血圧や大動脈弁狭窄では左心肥大を，肺気腫，肺動脈弁狭窄や肺高血圧症では右心肥大を引き起こす．肥大した心筋が負荷に適応できなくなると，心臓拡張となり心不全から死に至る．末期の心臓拡張では，肥大した心筋が萎えて虚脱したようになる．

6.2.2 心房細動

心房細動は不整脈の一種で，特に左心房の肺静脈の入り口あたりの心筋に無秩序な活動電気が生じ，心房が痙攣したように震える．その結果，心房内で血液がうっ滞し血栓が生じやすくなる．

6.2.3 心筋症

心筋を構成するタンパク質の遺伝子異常による心機能障害を伴う疾患である．拡張型心筋症で

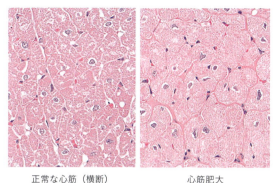

図6.5 心筋肥大
(Colman K., et al., J Toxicol Pathol, 2021, 34(3 Supple), 1S-182S)

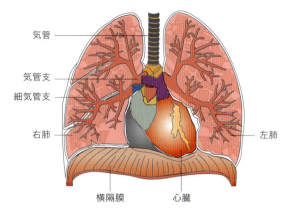

図6.6 気管，気管支，細気管支の分布

は，心内腔の拡張と収縮不全によりうっ血性心不全の状態が引き起こされる．肥大型心筋症では，心室の拡張を伴わない心筋肥大が起こり，心室壁の伸展障害に伴って心筋の拡張が阻害される．

6.3 呼吸器系

内呼吸（細胞呼吸）に必要な酸素O_2を体外から取り入れ，不要となった二酸化炭素CO_2を体外に排泄する仕組みが外呼吸で，それを行う器官が呼吸器系である．外界とのガス交換の場となる．呼吸器系には，鼻腔，喉頭，気管系（気管，気管支，細気管支），そして肺が含まれる（図6.6）．

6.3.1 上部気道（鼻腔・喉頭・気管）

鼻孔から吸い込んだ空気は鼻毛により埃などが除かれ，さらに鼻甲介を経て温度や湿度が調節され，気道に入る．鼻腔粘膜には嗅神経上皮が，またヒトでは退化しているがフェロモンを感知する鋤鼻器がある．喉頭は気管の上部で，食物の嚥下時に喉頭蓋により気管が塞がれることで，食べ物が気管に入ることなく，食道に送り出される．喉頭には発声を調節する声帯もある．

喉頭から続く気管，気管支，細気管支は多列線毛上皮で内張りされており（図6.7），空気中の粉塵などは線毛により排除される．上皮細胞間に散在する杯細胞からは痰のもとになる粘液が分泌される（図6.7）．気管の輪状軟骨は，弾力性と柔軟

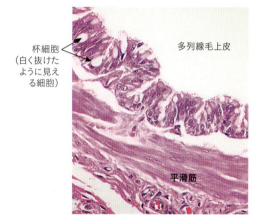

図6.7 気管支の組織像

性のある蛇腹状の管腔構造となっている．また，気管，気管支，細気管支には平滑筋があり，呼吸運動や粉塵の排泄にかかわっている（図6.7）．

6.3.2 肺

ヒトの肺は左肺と右肺に分かれている．気管から続く気管支も分岐して，左肺と右肺につながっている（図6.6）．気管支は細気管支へと続き，その先に気道の終末部である肺胞がある（図6.8）．

肺胞は，肺胞中隔によりぶどうの房のように区分けされ（図6.8），内側には肺胞上皮と肺胞マクロファージがある．肺胞上皮には，扁平状のⅠ型上皮と立方状のⅡ型上皮がある．Ⅰ型上皮は肺胞中隔に分布する毛細血管と接しており，ガス交換を行う．Ⅱ型肺胞上皮は，肺胞の構造維持のために界面活性物質サーファクタントを産生してい

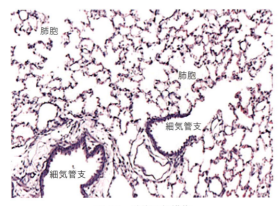

図 6.8 肺胞の組織像

る．肺胞マクロファージは微細な粉塵を貪食したり，病原体に対する免疫機能を担っている．

ほ乳類の気道は肺胞で袋小路になり，吸気と呼気を交互に行っている．一方，鳥類には，肺とつながる気囊がある．気囊は肺の前後にあり，吸気・呼気は気囊の拡大・縮小によって一方向に流れ，肺に空気が留まることはない．また気囊は骨組織にも分布しており，空気を入れることで飛びやすくしている．このような骨を含気骨という．

6.3.3 呼吸中枢と呼吸運動

ほ乳類では，延髄にある呼吸中枢からの信号が呼吸筋に作用することで，規則的な呼吸運動が行われている．呼吸中枢は，大動脈と頸動脈にある二酸化炭素や酸素分圧を感知する化学受容器からの刺激を受けている．

呼吸運動は，ほ乳類では横隔膜と肋間筋がかかわっている．安静時呼吸では，横隔膜が呼吸運動の大部分を担う．深呼吸や激しい運動などの際には，強制的な呼吸のために肋間筋も同時に動く．

ほ乳類は，胸腔を陰圧にすることで横隔膜と肋間筋による運動をスムーズに行えるようにしている（陰圧呼吸）．一方，両生類は，口腔の力で空気を肺に送る（陽圧呼吸）．肺以外にも皮膚や鰓での呼吸もある．ほ乳類，鳥類，爬虫類は肺呼吸が，両生類は肺，鰓，皮膚呼吸が，魚類や無脊椎動物は鰓や皮膚呼吸が主体となる．

6.3.4 ガスの運搬

血液を介して酸素O_2を肺から全身の細胞へ，二酸化炭素CO_2を全身の細胞から肺へ運ぶことをガスの運搬という．ほ乳類では，酸素は赤血球中のヘモグロビンに含まれる4つのヘム鉄と結合して運ばれる．1Lの血液で約200 mLのO_2が運ばれているとされる．酸素分圧の高い肺ではヘム鉄と酸素が結合しやすく，酸素分圧の低い末梢組織ではヘム鉄から酸素が解離しやすくなっている．

末梢組織で放出される二酸化炭素は，そのほとんどが赤血球内にある炭酸脱水酵素の働きで水と反応し，炭酸水素イオン（HCO_3^-）と水素イオン（H^+）に解離し肺に運ばれ，肺で再び二酸化炭素と水になり，体外へ排出される．一部の二酸化炭素はヘモグロビンのアミノ酸残基に結合したり，血漿に溶けて運ばれている．

ヘモグロビンには鉄が含まれており，脊椎動物の血液は赤色である．一方，タコ，イカ，ザリガニやカブトガニの呼吸色素は銅を含むヘモシアニンで血の色は薄い青色をしている．

6.4 呼吸器系にかかわる病

6.4.1 肺 気 腫

肺気腫は，肺胞腔が非可逆的に異常に拡張した状態で，重度になると肺胞が破裂し（図6.9），胸腔に空気が溜まる気胸となる．この状態では空気の出し入れができなくなり呼吸困難となる．長期にわたる喫煙，慢性閉塞性肺疾患，気管支炎や塵肺症などに続発しやすい．

6.4.2 炭 粉 沈 着

空気中の粉塵が肺胞に入り込むと，肺胞マクロファージがそれを貪食する．多くは気道を経て喀出されるが，一部は肺胞壁や細気管支周囲に集簇する（図6.9）．これが炭粉沈着である．高度の沈着では，マクロファージに貪食された炭粉がリンパ液によって肺門リンパ節に運ばれ，リンパ節が黒ずんでみえる．粉塵にアスベストやケイ酸など

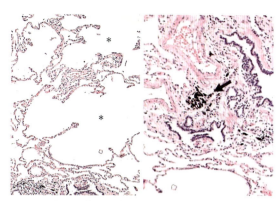

図6.9 肺気腫（左：＊）と炭粉沈着（右：矢印）の肺の組織像

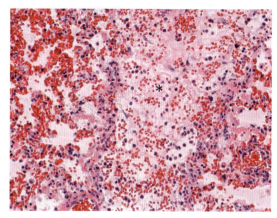

図6.10 大葉性肺炎にみられるうっ血水腫と線維素の析出（＊）

の細胞傷害性の強い物質が含まれていれば，肺胞周囲に炎症や線維化が生じ，肺機能が低下することがある．この疾患を塵肺症という．

6.4.3 肺　　炎

　細菌，ウイルス，カビ，中毒物質などにより肺におきる炎症である．病変の広がりによりいくつかに分類される．気管支肺炎は細菌の感染でみることがあり，細気管支やその周囲の肺胞に巣状に炎症が生じる．細菌感染では，時に肺全体に炎症が広がる大葉性肺炎になることがある．大葉性肺炎では肺胞に線維素の析出が目立つ（図6.10）．間質性肺炎は，ウイルス感染や中毒物質（パラコートなどの農薬）により生じることがあり，細気管支や肺胞壁などの間質に炎症が起こる．お年寄りに起こりやすい肺炎として，嚥下がうまくできないことで生じる誤嚥性肺炎（嚥下性肺炎）がある．

6.4.4 エコノミークラス症候群 （肺動脈血栓塞栓症）

　長時間座席等でじっとしていることで，下肢の深部静脈に形成された血液の塊（血栓）が，形成部位から遊離し右心室を経て肺動脈に詰まることで発生する肺動脈血栓塞栓症のことである．急な胸の痛みや呼吸困難が生じるとされる（10.4.3参照）．

6.4.5 呼吸性アシドーシス

　血液のpHは弱アルカリ性7.40±0.05に保たれているが，二酸化炭素の排出がうまくいかなくなると血液中に炭酸水素イオン（HCO_3^-）と水素イオン（H^+）が増えてくる．特に，水素イオンが増えると血液は酸性方向に傾いてくる．ガス交換の障害により血液のpHが7.35以下になった状態を呼吸性アシドーシスといい，慢性閉塞性肺疾患，重度の肺炎，喘息や肺水腫などで生じる．

6.4.6 一酸化炭素中毒

　一酸化炭素は，炭素を含む物質が不完全燃焼する際に生じる色も臭いもない気体で，それを吸い込むことで生じる中毒が一酸化炭素中毒である．一酸化炭素は赤血球中のヘモグロビンに高い親和性を有し，酸素の結合能に比べ200～250倍高いとされる．ヘモグロビンと結合した一酸化炭素はカルボキシヘモグロビンを形成し，赤血球は酸素の運搬ができなくなり，酸素欠乏症となる．初期症状は頭痛・吐き気，高度となると呼吸困難など全身諸臓器に悪影響を与える．脳に酸素欠乏が生じると意識障害が生じ，死に至ることがある．

　亜硝酸塩やアニリン中毒では，ヘモグロビンが酸化されメトヘモグロビンになる．この中毒でも，重度の酸素欠乏症になる．

6.5　泌尿器系

　血液中の水分や老廃物は腎臓に運ばれ，腎糸球体でろ過され原尿となる．原尿中の成分の99%

は尿細管で再吸収されるが，残りは尿として輸尿管（尿管），膀胱，尿道を経て体外へ排泄される．これらの器官が泌尿器系になる（図6.11）．

6.5.1 腎臓

腎臓はソラ豆のような形をした器官で，左右1対ある．腎小体（ボーマン嚢と糸球体）と尿細管（細尿管あるいは腎細管ともよばれる）からなるネフロン（腎単位）とよばれる基本単位で，ろ過と再吸収が行われる（図6.12・図6.13）．ネフロンはヒトでは左右で約100万個，イヌでは50万個，ネコで20万個程度あるとされる．

糸球体は腎動脈から分岐する輸入細動脈から続く毛細血管が網目状に分布する部位で，ここでろ過が行われる．糸球体は，毛細血管を内張りする血管内皮，毛細血管を覆う足細胞，毛細血管を係蹄状に固定するメサンギウム基質にあるメサンギウム細胞の3種の細胞からなる．足細胞にはたくさんの細胞膜突起（足突起）があり，血管内皮と足突起の間にろ過機能にかかわる糸球体基底膜が存在する（図6.14）．糸球体の毛細血管網は再度集まり，輸出細動脈を経て尿細管を網目のように取り巻く毛細血管となり，尿細管から再吸収された物質を血中に取り込んでいる（図6.12）．

糸球体基底膜には約8nm以下の物質のみを通すサイズ・バリアと，陽荷電分子のみ通すチャージ・バリアがあり，血漿成分を選択的にろ過している．前者はIV型コラーゲンが，後者は陰性に荷電しているヘパラン硫酸プロテオグリカンが担っている．

ろ過された原尿はボーマン嚢から尿細管に入る．尿細管は，近位尿細管，ヘンレのループ（上行脚と下行脚），遠位尿細管に区分けされている（図6.12）．

輸入細動脈と輸出細動脈が糸球体から入出する

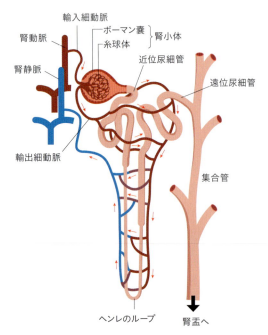

図6.12 ネフロン構造

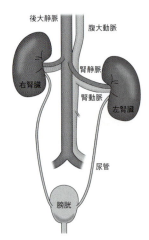

図6.11 泌尿器系

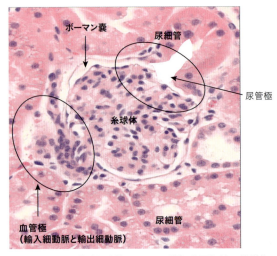

図6.13 腎小体（糸球体とボーマン嚢）と尿細管の組織像

部位を血管極,原尿がボーマン嚢から尿細管に出て行く部位を尿管極とよぶ(図6.13).

6.5.2 ろ過と再吸収

糸球体の毛細血管で血漿成分がボーマン嚢へとろ過され原尿となる.原尿には血漿中の低分子成分である水,グルコース,アミノ酸,電解質(Na^+,K^+,重炭酸イオン(HCO_3^-),Cl^-,PO_4^{3-},Ca^{2+}),そして尿素,尿酸,アンモニア,クレアチニンなどの老廃物が含まれる.血漿中のアルブミンなどのタンパク質はサイズ・バリアに阻まれ,尿に出ることはない(表6.1).

原尿は,ボーマン嚢から尿細管へと流れ,水,グルコース,アミノ酸,無機塩類などが,主に近位尿細管から再吸収される.ヘンレのループや遠位尿細管においても水やNa^+が再吸収される.脳下垂体後葉から分泌されるバソプレシンは,遠位尿細管や集合管からの水の再吸収を促進する抗利尿ホルモンとして作用しており,尿量を調節している.

尿細管を経た原尿は,遠位尿細管とつながる集合管へと流れ,尿となり,その後腎盂,輸尿管,膀胱を経て,尿道から体外に排泄される.

6.5.3 腎臓の内分泌に関連した機能

腎臓には内分泌に関連する機能も備わっている.糸球体血管極の輸入細動脈の血管壁には血圧の調整にかかわる傍糸球体細胞(傍糸球体装置の一つの細胞)がありレニンを分泌している(図6.15).レニン-アンジオテンシン(-アルドステロン)系により副腎皮質からアルドステロン(鉱質コルチコイドの一つ)が分泌されると,尿細管からのNa^+と水分の再吸収を促進し,血液量を増加させて血圧を上昇させる.

また,腎臓の間質線維芽細胞から分泌されるエリスロポエチンは赤血球を増やすはたらきのある造血ホルモンとして知られる.

近位尿細管には,食物から取り込んだビタミンD_3を活性型のビタミンD_3に変換する酵素が含まれている.活性型ビタミンD_3は腸からのカルシ

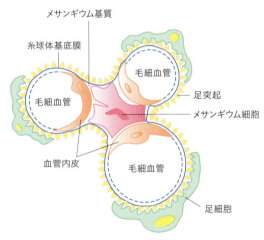

図6.14 腎糸球体の構造

表6.1 ヒトの血漿と尿の主な組成

組成	血漿(%)	原尿(%)	尿(%)	濃縮率(倍)
水	91.0	99.0	96.8	—
タンパク質	7.2	0	0	0
グルコース	0.1	0.1	0	0
尿素	0.03	0.03	2.0	67
尿酸	0.004	0.004	0.05	13
クレアチニン	0.001	0.001	0.075	75
Na^+	0.30	0.30	0.35	1
K^+	0.02	0.02	0.15	8
NH_4^+	0.001	0.001	0.040	40
Cl^-	0.37	0.37	0.60	2

濃縮率=尿中濃度/血漿濃度

(鈴木孝仁ほか『チャート式新生物 生物基礎・生物』数研出版,2013より)

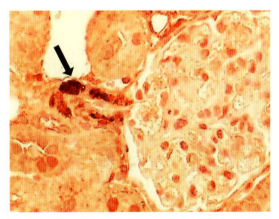

図6.15 輸入細動脈の血管壁に認められるレニン分泌細胞(矢印):免疫組織化学染色

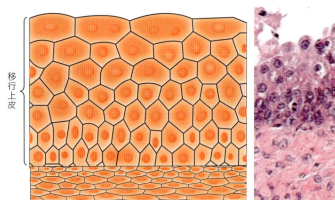
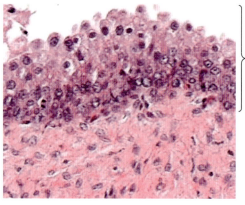

図 6.16　膀胱の移行上皮

ウムの吸収を促し，骨を強くしたり，血液中のカルシウム濃度を一定に保つ作用がある．

6.5.4　輸尿管と膀胱

輸尿管（尿管）と膀胱は，腎臓で作られた尿を排泄する器官で，移行上皮により内張りされている（図6.16）．膀胱には発達した平滑筋があり，拡張・収縮して尿の貯留と排泄を行っている．

6.6　泌尿器系にかかわる病

6.6.1　ネフローゼ症候群

糸球体のろ過機能に障害が生じると，本来ならばろ過されない血漿中のタンパク質（主にアルブミン）が尿に排泄される（タンパク尿）．アルブミンが尿中に排泄されることから低アルブミン血症となり，血液より組織液が高張となることで，組織間や腹腔に血漿成分が浸み出て皮下浮腫や腹水症になることがある．これをネフローゼ症候群とよぶ．

原因としては，糸球体に免疫複合体（抗原抗体反応物）が異常に沈着する膜性腎症（膜性糸球体腎炎）がある（図6.17）．膜性腎症の原疾患にはヒトの溶連菌感染後腎炎や，全身性エリテマトーデスでのループス腎炎などがある．糖尿病では血糖値の上昇により生じる糸球体病変に起因した糖尿病性腎症があり，その際にもネフローゼ症候群が生じるとされる．

6.6.2　シュウ酸塩腎症と結石

不凍液の成分として使用されているエチレングリコールには甘味があり，その廃液などを動物が誤って取り込むことがある．エチレングリコールは体内で代謝されシュウ酸となり，尿中に排泄されるCa^{2+}と結合してシュウ酸カルシウムとなる．シュウ酸カルシウムは結晶化し，結石を作る（図6.18）．尿細管にたくさんの結石ができると腎機能障害が生じ，ひどくなると死亡することがある．これがシュウ酸塩腎症である．

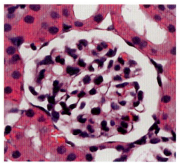
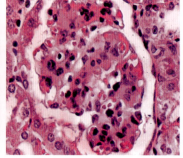
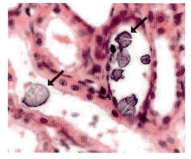

図 6.17　膜性腎症(右)の組織像：糸球体基底膜が肥厚している(左は正常な糸球体)

図 6.18　尿細管に生じたシュウ酸カルシウムの結石（矢印）

ヒトの尿路結石の主な成分もシュウ酸カルシウムで，食物に含まれるシュウ酸に由来する．植物の茎，根や葉にはシュウ酸が含まれており，特にホウレンソウはシュウ酸塩を多く含むが，湯がいて食べることでシュウ酸を溶出することができる．

6.6.3 慢性腎臓病による疾患

慢性腎臓病は腎機能が障害される疾患で，老廃物が排除できないことから全身にさまざまな病態が引き起こされる．糸球体や尿細管の損傷・炎症が繰り返されることで，腎組織に膠原線維が増生し線維化が進むことで，ネフロンの本来の構造が失われる（図6.19）．末期腎や終末腎ともよばれる．

①腎性高血圧症

高血圧症の90％以上は原因が特定できない本態性高血圧症とされるが，残りの10％程度が続発性高血圧症で，その中に腎性高血圧症が含まれる．

腎臓の機能低下により生じる塩分や水分の排泄障害の結果，血液量が増加し血圧が上昇するとともに，腎臓内の血流量が低下することで傍糸球体細胞からレニンが分泌される．その結果，レニン–アンジオテンシン（–アルドステロン）系が作動し，血圧がさらに上昇することになる．

②腎性貧血

腎組織からは赤血球の産生を促進するエリスロポエチンが分泌されている．腎組織の障害によりエリスロポエチンの分泌が低下し，造血能が低下した状態が腎性貧血とよばれる．

③尿毒症

腎機能が低下すると血液中の老廃物（尿素，窒素やクレアチニンなど）が排泄されず身体を循環することになる．その結果，全身性にさまざまな障害が生じる．これが尿毒症である．食欲低下，吐き気，むくみや尿量の減少などがある．

特に，尿細管での再吸収の障害によるカルシウムの過剰排泄や，活性型ビタミンD_3の合成低下による腸管からのカルシウムの吸収抑制により，低カルシウム血症が生じる（図6.20）．その結果，血中のカルシウム濃度を維持するためにパラソルモンを分泌する上皮小体の機能が亢進（腎性上皮小体機能亢進症）する．パラソルモンは骨の破骨細胞を活性化させ，骨からカルシウムが血中に溶出する．すると，今度は高カルシウム血症になる．カルシウムが溶出した骨には線維性骨異

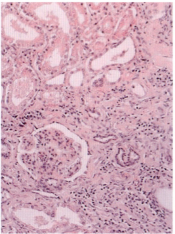

図6.19 慢性腎臓病：左は萎縮した腎臓の肉眼像（割面）で，右は高度に線維化が進んだ腎臓の組織像

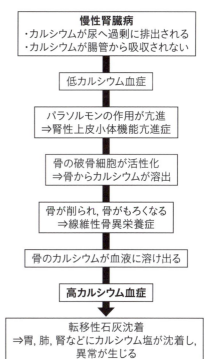

図6.20 慢性腎臓病におけるカルシウム代謝異常

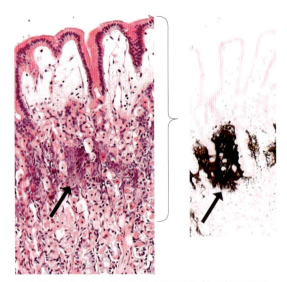

図 6.21 胃粘膜における転移性石灰沈着（矢印）の組織像：右はカルシウムを染める特殊染色（コッサ染色）

栄養症（骨がもろくなる）といわれる病態が生じる．高カルシウム血症が持続すれば，胃粘膜（図6.21）（胃潰瘍や出血の原因），肺（尿毒症性肺炎が生じる）や腎（さらなる腎機能の低下）にカルシウム塩が過剰に沈着する．この状態が転移性石灰沈着である．このようなカルシウム代謝異常も尿毒症の一つの症態である．

6.7 生殖器系

生殖には，雌雄の性がかかわる有性生殖と，分裂（ミドリムシやゾウリムシなど）あるいは出芽（酵母やヒドラなど）による親のゲノムをそのまま受け継ぐ無性生殖がある．また，本来は有性生殖する生物において，配偶子が受精しないまま成体に育つ単為生殖がある．特に雌で卵が受精しないまま発生し個体になる生物として，ミジンコ，ハチ類やアリ類などの一部の昆虫，魚類・両生類・トカゲ類の一部で知られている．

6.7.1 性腺と性器の発生

配偶子である精子と卵は，それぞれ性腺である精巣と卵巣で作られる．ヒトの性腺は胎児期に分化し，生殖器の発達に影響を与える．

(1) 性腺の分化

ヒトでは，胎生4～5週目に性腺原基が生じる．Y染色体上にある「SRY遺伝子」の産物が性腺原基を精巣に変化させる．Y染色体がなければ性腺原基からは卵巣が形成される．

(2) 内性器の分化

内性器は女性の卵管・子宮・膣，男性の精管・精嚢・前立腺である．胎生6～7週目には，内性器の原器となるミュラー管（卵管や子宮になる）とウォルフ管（精管や精嚢になる）ができる．精巣が発育すると胎生8週目ごろからミュラー管抑制因子と男性ホルモンが分泌され，ミュラー管の発育が抑制され，男性ホルモンの影響によりウォルフ管が発達することで精管や精嚢が形成される．一方，卵巣が形成されると，ミュラー管が発育して卵管や子宮ができる．

(3) 外性器の分化

外性器は女性の陰核や陰唇など，男性の陰茎や陰嚢などである．性腺の分化で精巣が発育した場合，男性ホルモンにより外性器は男性化し陰茎や陰嚢などができ，一方，卵巣が形成された場合には，男性ホルモンが働かないため陰核や陰唇ができる．外性器の分化は胎生12週ごろまでに起こる．

(4) 脳の性分化

妊娠20週前後に男性ホルモンが増えると脳にある性中枢が男性として認識し，出生以後も男性としての性行動を取ることになる．一方，その時期に男性ホルモンが少ないと性中枢が女性として認識する．脳の性分化は，胎生90日ごろまでに決まるとされる．しかし社会的に認知されている「性自認」との関連において，脳の性分化には，環境要因も含め多様な要素が含まれているとされる．

6.7.2 生殖器官

(1) 女性生殖器官

卵巣，卵管，子宮，膣，外陰部などがある．卵巣では原始卵胞，一次卵胞，二次卵胞，そして成熟卵胞と，種々の発育段階の卵胞が白膜（卵巣

6.7 生殖器系

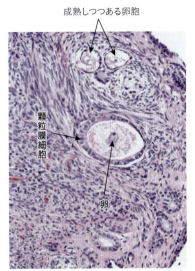
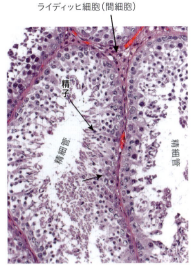

図 6.22 卵巣（左）と精巣（右）の組織像

を被う膜）下の皮質で形成されている（図6.22）．卵胞内では，卵母細胞から卵細胞（卵）が作られ，成熟し，排卵される．思春期から閉経期まで，約28日の周期で卵胞の成熟と排卵が繰り返される．生涯では400〜500個の卵細胞が作られるとされる．なお，発育しつつある卵胞は，顆粒膜細胞により内張りされている（図6.22）．この細胞は，栄養を供給することで卵の発育にかかわっている．

卵胞は成熟しながらエストロジェン（女性ホルモン）を分泌し，子宮での着床の準備をする．排卵が起こると顆粒膜細胞から黄体が形成され，プロゲステロン（黄体ホルモン）が分泌される．排卵された卵が輸卵管で受精し，その後子宮で着床すれば，妊娠黄体として黄体ホルモンを産生し続け，次の卵胞の成熟を阻止することで安定的な妊娠を導く．受精が成立しなければ子宮内膜は剥がれ落ち，排泄される．これが月経である．妊娠が成立しなければ黄体は線維化し白体となり，その後退化・消失する．

(2) 男性生殖器官

精巣，精巣上体，精囊，前立腺，尿道球腺，陰茎などがある．精子形成は精巣の精細管で行われ

る（図6.22）．精子は精原細胞から精細胞へと分化し，最終的には鞭毛を有する精子になる．精囊，前立腺，尿道球腺などの付属腺から産生される精液により精子は栄養を供給され，精巣上体へと運ばれ，射精に備える．

精細管には，精子の形成を支持し栄養を与えるセルトリ細胞がある．精細管の周囲の間質にはライディッヒ細胞（間細胞）が存在（図6.22）し，男性ホルモンであるテストステロンを放出する．

6.7.3 減数分裂と受精

(1) 減 数 分 裂

配偶子である精子や卵の起源細胞を始原生殖細胞という．精子は，始原生殖細胞⇒精原細胞⇒一次精母細胞⇒二次精母細胞⇒精細胞⇒精子，卵は，始原生殖細胞⇒卵原細胞⇒一次卵母細胞⇒二次卵母細胞⇒卵という段階を踏んで形成される（図6.23）．

始原生殖細胞から一次精母細胞・一次卵母細胞までは体細胞分裂と同じく染色体の核相は$2n$であるが，その後の減数分裂により二次精母細胞・二次卵母細胞，続く精細胞・卵はnになる．なお，一次精母細胞からは4つの精子が形成されるが，一次卵母細胞からは一つの卵しか形成されな

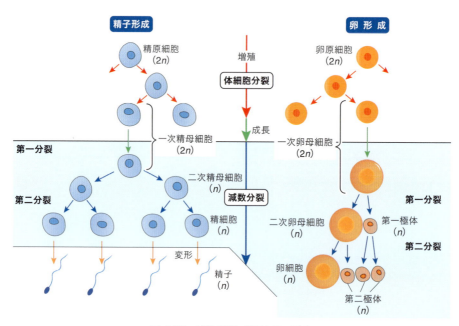

図 6.23 減数分裂：精子と卵の形成

い．卵形成において卵にならない細胞は極体とよばれ，やがて消失する（図6.23）．

　減数分裂は第一分裂と第二分裂からなるが，第一分裂においては，父由来と母由来の相同染色体同士が並列に並ぶ（対合）．この状態を二価染色体（4本の姉妹染色体からなる）とよぶ．対合した相同染色体の間ではランダムに染色体の交差，つなぎかえが起こる．染色体の交差部位をキアズマという．セントロメアから遠い部分ほど交差が生じやすいとされる．染色体のつなぎかえにより，配偶子に遺伝的な多様性が生じることになる．

(2) 受精と着床

　ほ乳類では体内受精が行われ，排卵された卵は輸卵管で精子と出会い受精する．一つの精子が受精すると，他の精子は侵入できなくなる．

　受精卵はその後，卵管の線毛運動により子宮に向かって移動する．その間，卵割により2細胞期，4細胞期，8細胞期を経て桑の実のような桑実胚となる．その後，胚盤胞（胞胚）期に入り子宮粘膜で着床する．

外胚葉：神経系，下垂体，表皮，毛，網膜，内耳・外耳
中胚葉：骨，軟骨，骨格筋，平滑筋，結合織，心臓，血管，腎臓，生殖器
内胚葉：肝臓，膵臓，消化管，肺・気管支，膀胱

図 6.24　胚葉の分化

(3) 個体形成

　着床すると胚の外側の漿膜から子宮粘膜内に絨毛が伸び，胎盤が作られる．胚盤胞の内側では，卵黄を栄養分として胚の発生が進む．ヒトの場合受精後8週ごろまでを胚子（または胎芽）とよび，9週以降を胎児とよぶ．胎盤は妊娠15週ごろまでには完成する．

　妊娠3週目ごろから器官形成期に入り，胚芽から内胚葉，中胚葉，外胚葉が生じはじめる．背側には体軸として神経管，脊索と原体節ができ始める．脊索は神経管を支える支持組織で，その後消失し椎骨に置き換わる．神経管からは中枢神経系と，眼の一部が分化する．原体節は体軸の前後軸に沿って分節状に生じる細胞の塊で，後に椎骨と付随する骨格筋などになる．それぞれの胚葉の分

化が進み，分裂増殖することで器官が形成される（図6.24）．器官の分化は妊娠12週ごろまでにはほとんど終わる．

ヒトでは，約270日の妊娠期間が経過すると胎児は母体外に娩出され，胎盤も子宮壁からはがれて後産となる．

6.7.4 ホメオティック遺伝子

動物の体は，体軸に沿って大きく頭部，頸部，胸部，腹部など体節に分かれている．体節ごとにどのような構造をつくるかを決める遺伝子群をホメオティック遺伝子という．ホメオティック遺伝子から作られるホメオドメインタンパク質は他の遺伝子の発現を調節するタンパク質で，異なる動物のものであってもよく似たアミノ酸配列（約60残基）をしている．この部分をコードするDNA領域（約180塩基対）をホメオボックスといい，ホメオボックスから作られる共通したアミノ酸配列をホメオドメインという．ホメオドメインのアミノ酸配列が生物間で良く似ていることから，このような遺伝子を，特にほ乳類で総称してHox（Homeoboxの略）遺伝子群という．

ショウジョウバエのホメオティック遺伝子は8つの遺伝子の組合せによって構成されており，ゲノムの第3染色体に一列のクラスターとなって存在する．頭部から胸部の構造を決定するホメオティック遺伝子をアンテナペディア複合体，胸部から尾部における構造を決定するホメオティック遺伝子をバイソラックス複合体という．これらに変異が起きると，触覚になるべき部位に肢が生えたりすることが知られている（ホメオティック変異体）．

ほ乳類にはHox遺伝子のクラスターが4組ある．脊椎動物に至る進化の過程においてゲノム全体の重複が2度おき，4つに増えたと考えられている．これにより，ほ乳類ではより複雑な身体の構造形成が可能になったのかもしれない．

6.8 生殖器系にかかわる病

6.8.1 潜在精巣（停留精巣・陰睾）

出生後も精巣が陰嚢内に下降せず，腹腔内やそ径部に停留している状態．片側に生じることが多い．停留が長引くと精子の形成が悪くなり，間質は線維化し，萎縮する．

潜在精巣から腫瘍が発生することもある．ヒトでは精上皮腫（セミノーマ）が知られている．イヌでは，腹腔内停留精巣ではセルトリ細胞腫（図6.25）が，そ径部停留精巣では精上皮腫が生じやすい．イヌのセルトリ細胞腫ではエストロゲンが過剰に産生されるようになり，雄なのに乳房が大きくなり乳汁が出るなどの雌性化がみられる．

6.8.2 前立腺肥大症

前立腺上皮と間質の過形成が生じる病態である．尿道を圧迫することで排尿障害を来すことがある．加齢に伴いアンドロゲンが低下し，エスト

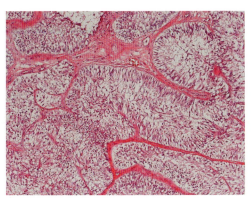

図6.25 セルトリ細胞腫の組織像

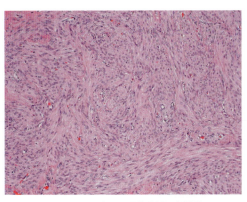

図6.26 子宮の平滑筋肉腫の組織像

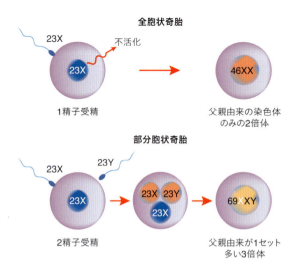

図 6.27　胞状奇胎の原因

ロゲンが相対的に上昇することにより生じると考えられている．ヒトでは80歳を過ぎるとほとんどの男性に認められる．

6.8.3　子宮筋腫

子宮に弾力性と柔軟性を与えている平滑筋細胞の増生からなる良性の腫瘍で，生殖年齢女性の3人に1人にみられるとされる．閉経後に退縮するためにエストロゲン依存性の腫瘍と考えられている．発生部位により粘膜下，筋層内，漿膜下に分類される．繁殖年齢にあるウサギでは，子宮腺癌とともに平滑筋肉腫（図6.26）の発生率が高い．

(4) 胞状奇胎

胎盤を作る絨毛細胞が，水腫変性により囊胞状にブドウの房のように異常に増殖する疾患である．原因は受精卵の異常によると考えられている（図6.27）．全胞状奇胎では卵は不活化するが，精子由来の染色体が倍化することで2倍体となり，大部分の絨毛が囊胞状となる．約2％が絨毛癌に進展するとされる．なお，23XYの染色体を有する精子が侵入した場合は死滅する．部分胞状奇胎は1つの卵に2つの精子が受精したことによる3倍体が多く，囊胞状の絨毛と正常な絨毛がみられる．絨毛癌にはほとんど進展しないとされる．（なお，精子（23Xあるいは23Y）と卵（23X）の正常な受精では46XX，もしくは46XYと表記する．）

第7章 生体の調整機能

体内の生理的環境が安定した状態を保ち，体内外からの攪乱作用に対しても一定の生命活動を維持できることを恒常性（ホメオスタシス）という．

恒常性には全ての器官系がかかわるが，特に内分泌系，自律神経系，免疫系はそのような作用を包括的にコントロールしている．また，知性，感情，意志など高次機能を司る脳の働き（心のあり方）も恒常性には重要である（図7.1）．

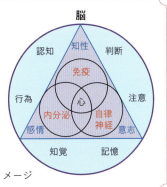

図7.1　身体の恒常性のイメージ

7.1 細胞の情報伝達

7.1.1 細胞の情報伝達の種類

多細胞生物では，細胞が発信する信号（シグナル）は，それを受け取る細胞にさまざまな影響を与える．これが細胞間での情報伝達である．伝達様式には下記の4つがある（図7.2）．

(1) 内分泌型

内分泌器官から血管系に放出されたホルモンが信号となり，全身に分布する標的細胞の受容体を介し情報が伝えられる．標的細胞においては特定の化学反応や遺伝子発現が生じる．

(2) 局所仲介型

信号が局所で作用する様式で，ホルモンより狭い範囲にすばやく影響を与える．信号が近辺の細胞に伝わるパラクリン様式と，放出した細胞自身に影響を与えるオートクリン様式がある．

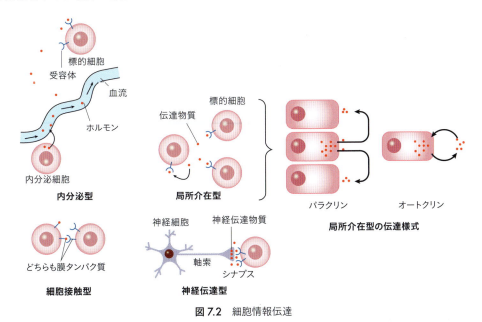

図7.2　細胞情報伝達

(3) 神経伝達型

神経細胞の軸索末端から放出された神経伝達物質が，標的細胞の受容体に結合することで神経の興奮刺激が伝達する様式である．

(4) 細胞接触型

細胞膜の表面に発現している情報伝達物質（多くが膜タンパク質）が，近くの標的細胞の受容体に接触し直接結合することで，結合した細胞のみに情報が伝わる．最も直接的な細胞間の相互作用である．主に免疫機序での抗原提示機構においてみられる．

7.1.2 受容体

細胞間の情報伝達物質を結合する受容体がシグナル（信号）を受けると，細胞内で次々と反応が進み情報が伝えられて行く．この一連の反応の流れをカスケードといい，カスケードの終点で実際に何らかの作用を起こす物質や構造を効果器とよぶ．受容体に結合する伝達物質をリガンドといい，「リガンド‐受容体」の関係には高い特異性がある．受容体には以下の4つのタイプが知られている．

(1) Gタンパク質共役型受容体

一本鎖ペプチドが細胞膜を7回貫通する構造を有する．シグナル分子が結合するとGタンパク質（GTP結合タンパク質）が活性化し，続いて細胞内情報伝達系が作動し，カスケードを介し標的細胞の細胞機能が調節される．

信号分子としてはノルアドレナリンや，多くのペプチドホルモン，伝達系の例としてはアデニル酸シクラーゼ活性系と抑制系，イノシトールリン脂質代謝系がある．

アデニル酸シクラーゼは，細胞内ATPからサイクリックAMP（cAMP）を生成する酵素である．cAMPはプロテインキナーゼ（PKA）を活性化することによって，ある種のタンパク質をリン酸化し細胞の生理反応（心拍数増加など）を促進させる．これがアデニル酸シクラーゼの活性系の作用であるが，一方，抑制系はこの作用が制御される．

イノシトールリン脂質代謝系での効果器（ホスホリパーゼC）は，細胞膜に存在するホスファチジルイノシトール4,5二リン酸（PIP$_2$）をイノシ

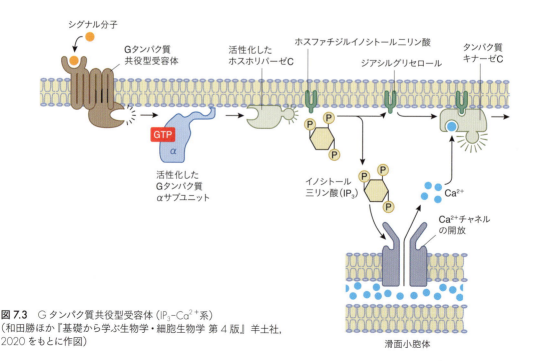

図7.3 Gタンパク質共役型受容体（IP$_3$-Ca^{2+}系）
（和田勝ほか『基礎から学ぶ生物学・細胞生物学 第4版』羊土社，2020をもとに作図）

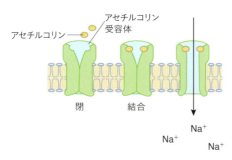

図7.4 イオンチャネル内蔵型（連結型）受容体（Na⁺チャネル直結系）

トール三リン酸（IP_3）とジアシルグリセロールに分解する。IP_3は，小胞体からCa^{2+}を放出させることで，細胞に生理機能（例えば血管平滑筋収縮）を発揮させる．

受容体に結合するシグナル分子が一次メッセンジャーであるのに対し，受容体を介して細胞内の情報伝達において作動するcAMPとCa^{2+}は二次メッセンジャーとよばれ，前者を「cAMP系」，後者を「IP_3-Ca^{2+}系」（図7.3）とよぶ．

(2) イオンチャネル内蔵（連結）型受容体

シグナル分子の結合によって受容体の構造が変化し，特定のイオンが通り抜けられるようになることで膜電位が変化する結果，標的細胞に応答が生じる．信号分子としては神経伝達物質のアセチルコリン，伝達系にはニコチン受容体（神経型N_Nと骨格筋型N_M）と関連するNa^+チャネル直結系（図7.4），GABA受容体やグリシン受容体と関連するCl^-チャネル直結型などがある．

(3) 酵素共役型受容体
　　　(チロシンキナーゼ連鎖型受容体)

シグナルが受容体と結合すると受容体に連結している酵素が活性化されることで情報が伝わる．代表例はチロシンキナーゼ連鎖型受容体である．信号によりチロシンキナーゼが活性化され，細胞内に突き出ているチロシンキナーゼのチロシン残基がリン酸化されることで，シグナルタンパク質が活性化し起動する．インスリンなどの水溶性ホルモンや，サイトカイン（細胞間の伝達を担う生理活性物質），細胞増殖因子など多くの因子がシグナルとなる．

(4) 細胞内型受容体

脂溶性ホルモンであるステロイド系ホルモン（性ホルモンや副腎皮質ホルモンなど）や甲状腺ホルモンは，細胞膜を通過することができるため，細胞内の受容体と結合する．受容体が細胞質内にあれば細胞質内受容体，核内ならば核内受容体よぶ．結合すると受容体タンパク質の構造が変化し，そのシグナルを受けて細胞が多様に応答する．

7.2 内分泌系

内分泌腺から分泌される情報伝達物質を総称してホルモンという．ホルモンは，血液循環を介して運ばれ，標的細胞や標的器官に作用することで，その働きを調節する．

7.2.1 ホルモンの分泌器官

内分泌腺には，脳下垂体，甲状腺，上皮小体（副甲状腺），副腎，膵島（ランゲルハンス島），卵巣，精巣などがあり，それぞれの器官が分泌するホルモンは，それぞれに特異的な標的細胞や組織に作用する（表7.1）．

(1) 視床下部と脳下垂体

間脳にある視床下部は内分泌系の統合司令部で，5つの放出ホルモン（成長ホルモン放出ホルモン，プロラクチン放出ホルモン，甲状腺刺激ホルモン放出ホルモン，副腎皮質刺激ホルモン放出ホルモン，性腺刺激ホルモン放出ホルモン）と2つの抑制ホルモン（成長ホルモン抑制ホルモン，プロラクチン抑制ホルモン）を放出している．

脳下垂体は大きく前葉（腺葉）と後葉（神経葉）に分かれている．後葉は視床下部に存在する神経分泌細胞から伸びる軸索が分布する神経組織であり，その軸索終末部から後葉ホルモンであるオキシトシンとバソプレシンが分泌される．一方，前葉からは成長ホルモン，プロラクチン，性

表 7.1　内分泌器官とホルモン

分泌腺		ホルモン	組成	主な作用
脳下垂体	後葉	オキシトシン	ペプチド	子宮と乳腺の収縮を促進
	（視床下部より）	バソプレシン	ペプチド	腎臓の水保持（抗利尿作用）
	前葉	成長ホルモン（GH）	タンパク質	骨・筋肉・内臓諸臓器の成長促進, 血糖濃度を上昇
		プロラクチン（PRL）	タンパク質	乳汁の産生・分泌の促進
		卵胞刺激ホルモン（FSH）	糖タンパク質	卵・精子の形成を促進
		黄体形成ホルモン（LH）	糖タンパク質	卵巣・精巣の機能を促進
		甲状腺刺激ホルモン（TSH）	糖タンパク質	甲状腺ホルモン分泌を促進
		副腎皮質刺激ホルモン（ACTH）	ペプチド	糖質コルチコイド分泌を促進
松果体		メラトニン	アミン	概日リズムに関与
甲状腺	ろ胞上皮細胞	甲状腺ホルモン（T3, T4（チロキシン））	アミン	代謝の促進
	甲状腺C細胞	カルシトニン	ペプチド	血中Ca^{2+}濃度を低下させる
上皮小体		パラソルモン（PTH）	ペプチド	血中Ca^{2+}濃度を上昇させる
膵臓	A（α）細胞	グルカゴン	タンパク質	血糖値の上昇
	B（β）細胞	インスリン	タンパク質	血糖値の低下
副腎	髄質	アドレナリン, ノルアドレナリン	アミン	血糖値の上昇, 代謝の促進
	皮質	糖質コルチコイド	ステロイド	血糖値上昇, 抗炎症・免疫抑制作用
		鉱質コルチコイド	ステロイド	腎臓のNa^+再吸収とK^+排出
精巣		男性ホルモン（アンドロゲン）	ステロイド	精子形成の促進, 男性二次性徴
卵巣		卵胞ホルモン（エストロゲン）	ステロイド	子宮内膜の発達, 女性二次性徴
		黄体ホルモン（プロゲステロン）	ステロイド	子宮内膜の発達と妊娠維持

腺刺激ホルモン（ろ胞刺激ホルモンと黄体形成ホルモン），甲状腺刺激ホルモン（TSH），副腎皮質刺激ホルモン（ACTH）が分泌される．成長ホルモンは骨・筋肉・内臓など全身に作用するが，その他の刺激ホルモンは標的とする内分泌腺（細胞）に作用する（表7.1）．

(2) ホルモンのフィードバック機構

ホルモンの分泌にはフィードバック機構が備わっている．例えば，視床下部からの甲状腺刺激ホルモン放出ホルモンが下垂体前葉からのTSHの産生を促すと，甲状腺からチロキシンの分泌が促進され，チロキシンが血中に放出される．チロキシンの濃度が高くなると，それが視床下部からの甲状腺刺激ホルモン放出ホルモンや脳下垂体からのTSHの分泌を抑制することで，甲状腺からのチロキシンの分泌量が減少する（図7.5）．

フェノバルビタールは，中枢神経系に作用し神経細胞の興奮を抑制する鎮静薬であるが，この薬を実験動物のマウスやラットに長期間投与すると，甲状腺のろ胞細胞由来の腫瘍が誘発される．

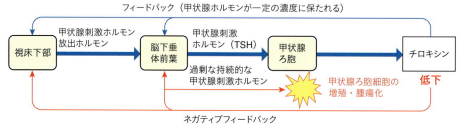

図 7.5　甲状腺ホルモンのフィードバック機構

これはフェノバルビタールによって肝臓の薬物代謝酵素であるUDP-GT（uridine 5′-diphosphate glucuronic acid transferase: UDP-グルクロン酸転移酵素）が活性化し，甲状腺ホルモン（T3, T4）を分解するために，ネガティブフィードバック機構が生じTSHの分泌が過剰に亢進する．その結果，TSHが甲状腺ろ胞細胞を刺激し，増殖させることで腫瘍化に至る（図7.5）．この作用は，ヒトに存在する甲状腺ホルモンに特異的に結合するグロブリンが，ラットやマウスでは欠如しており，そのためにヒトよりも感受性が高くなっているためとされる．マウスやラットに特異的な現象とされる．

7.2.2 ホルモンの成分と受容体

(1) ホルモンの成分

ホルモンは成分によってペプチドホルモン，タンパク質ホルモン，糖タンパク質ホルモン，アミン型ホルモン，ステロイドホルモンに分けられる（表7.1）．ペプチド・タンパク質ホルモンとアミン型ホルモン（甲状腺ホルモンは除く）は水溶性ホルモンで，甲状腺ホルモンとステロイドホルモンは脂溶性ホルモンである．

(2) ホルモン受容体（図7.6）

①水溶性ホルモン

水溶性ホルモンは細胞膜の脂質二重膜を通過できないために，細胞膜表面にあるホルモン受容体に結合する．ホルモンが結合するとカスケードを介し，特定の酵素を活性化することで，生成された調整タンパク質が，核内の転写調節領域に結合することで適切な遺伝子発現を導く．

②脂溶性ホルモン

脂溶性ホルモンは，細胞膜の脂質二重膜を通過し，細胞質や核内にあるホルモン受容体と結合する．

7.2.3 ホルモンによる血糖濃度の調整

血糖は細胞呼吸に利用されるなど生命活動において必須である．おおむね70〜110mg/dLが正常な血糖値とされる．血糖値が著しく下がると低血糖症となり，けいれんや意識消失などの症状が現れる．通常食後において血糖値は一過性に上昇する．

(1) 血糖値が低くなった場合

激しい運動の後や，食事をしないと血糖値が下がる．

低血糖状態を視床下部が感知すると，交感神経を介し副腎髄質に刺激が伝わる．副腎髄質からは肝臓や筋肉の貯蔵グリコーゲンをグルコースに変換するアドレナリンが分泌されることで血糖値が上昇する．交感神経は膵島のグルカゴンにも作用し，同様に貯蔵グリコーゲンをグルコースに変換する．グルカゴンは，膵島のA細胞が血糖値の低下を直接感知することでも放出される．

また，脳下垂体が低血糖を感知すると脳下垂体前葉から成長ホルモンが，甲状腺ろ胞上皮からチロキシンが，副腎皮質から糖質コルチコイドが放出される．成長ホルモンとチロキシンは貯蔵グリコーゲンを分解してグルコースに，糖質コルチコイドは筋肉にあるタンパク質を糖化してグルコースに変えることで血糖値を上げる．

(2) 血糖値が高くなった場合

食後血糖値が高くなると，視床下部がそれを感知し交感神経が膵島のB細胞を刺激（あるいは高

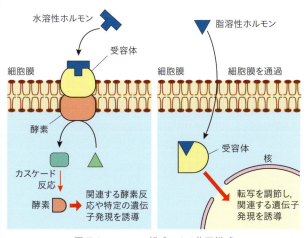

図7.6 ホルモン組成による作用様式

血糖が直接B細胞を刺激）することでインスリンが分泌される．インスリンが細胞膜のインスリン受容体（酵素共役型受容体）に結合すると，細胞内にあるグルコース輸送体（GLUT4）（細胞内の小胞に蓄積している）が細胞膜に移動し，血中のグルコースを細胞内へ取り込むようになる．これにより血糖値が下がる．また，インスリンは，筋肉や肝臓でグルコースからグリコーゲンへの合成を促進することでも血糖値を下げる．

7.2.4 ホルモンによる水分量の調整

ヒトの水分は体重の約2/3を占める．水分が不足すると，血液の塩類濃度が上昇し，視床下部がそれを感知して脳下垂体後葉のバソプレシンの分泌を促進する．バソプレシンは腎尿細管からの水分の再吸収を促進することで尿量を減少させ，身体の水分量を調節している．水分量が増えると逆にバソプレシンの分泌が抑制され，尿量が増加する．バソプレシンは抗利尿ホルモンである．

北アメリカの砂漠に生息するカンガルーネズミは細胞呼吸により生成される水（代謝水）を利用し，乾燥地帯での生活を可能にしている．また，ラクダもコブに蓄積した脂肪を分解し代謝水を得ている．

7.2.5 ホルモンによる無機塩類の調整

体液中にはナトリウム，カルシウム，カリウムなどの無機塩類がイオンの形で存在している．

副腎皮質から分泌されるアルドステロンなどの鉱質コルチコイドは，腎臓の尿細管でのNa^+の再吸収を促進する（レニン-アンジオテンシン（-アルドステロン）系）．上皮小体から分泌されるパラソルモンは，腎臓でのCa^{2+}の再吸収を促すとともに，腸からのCa^{2+}の吸収や骨からのCa^{2+}の溶出を促進することで，血中のカルシウム濃度を上昇させる．一方，甲状腺C細胞から分泌されるカルシトニンは血中カルシウム濃度を下げる作用がある．

7.2.6 その他の臓器ホルモン

（1）消化管ホルモン

ガストリンは，胃底腺の細胞から分泌されるホルモンで，胃液の分泌を促進する作用がある．セクレチンは，十二指腸から分泌され，膵液の分泌を促す．コレシストキニンは，十二指腸から分泌され，胆嚢からの胆汁の分泌を促進する．

（2）心臓ホルモン

血液量が増えると心筋から心房性ナトリウム利尿ペプチドが分泌され，腎臓に作用することで尿量を増やし（利尿作用），血管を拡張させる．

（3）腎臓ホルモン

腎臓の傍糸球体細胞から分泌されるレニンは，レニン-アンジオテンシン（-アルドステロン）系として機能することで，尿細管からのNa^+と水分の再吸収を促進し，血液量を増加させ血圧を上昇させる．腎間質細胞から分泌されるエリスロポエチンは，骨髄での赤血球の分化を促進させる造血因子である（6.5.3参照）．

（4）肝臓ホルモン

ヘパトカインは，肝臓から分泌されるホルモンで血糖値の調整に関与している．

（5）食欲調整ホルモン

レプチンは，脂肪細胞から分泌されるホルモンで，視床下部の満腹中枢に作用する．血中レプチン濃度が上昇すると満腹感が促進され，食欲が低下する．一方，脂肪組織が減るとレプチンの血中濃度が下がり，食欲が増すことで脂肪の量を増やす．レプチン受容体遺伝子欠損の+Leprdb/+Leprdbマウスは過食による著明な肥満と高血糖を呈し，II型糖尿病のモデルとなる（図7.7）．

グレリンは，胃から分泌される短期の食欲調整にかかわるホルモンとされる．空腹・低血糖で分泌が促進され，摂食・高血糖で分泌が抑制される．

野生型　　　　　　　　+Leprdb/+LeprdbのⅡ型糖尿病のマウスモデル

図 7.7　+Leprdb/+Leprdb のⅡ型糖尿病のマウスモデル（肥満となっている）：左は正常な野生型

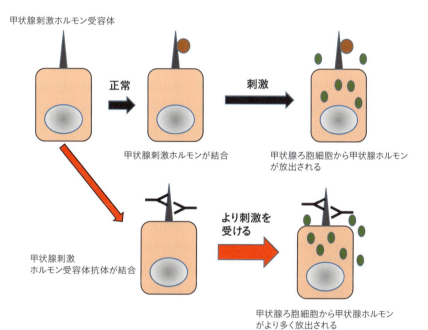

図 7.8　バセドウ病の甲状腺ホルモン分泌機序

7.3　内分泌系にかかわる病

7.3.1　巨人症と末端肥大症

下垂体前葉から分泌される成長ホルモンは全身の骨・筋肉・内臓諸臓器の成長を促す．成長期においてこのホルモンが過剰に分泌されると，異常な高身長と長い四肢，顎の異常な突出が目立つ巨人症になる．一方，成長期が止まった成人における過剰分泌では，骨の骨端軟骨（成長板）がすでに閉鎖していることから，骨の末端のみが成長することになり，末端肥大症となる．

7.3.2　尿　崩　症

下垂体後葉から分泌されるバソプレシンが病的に不足すると，腎尿細管からの水分の再吸収が起こらず，薄い尿が大量に放出される．これが尿崩症である．体内の水分量が減少するため喉が渇く，水をたくさん飲むなどの脱水症状が現れる．

7.3.3　バセドウ病

脳下垂体から分泌される甲状腺刺激ホルモン（TSH）は甲状腺のTSH受容体に結合することによって甲状腺ろ胞細胞を刺激し，甲状腺ホルモン

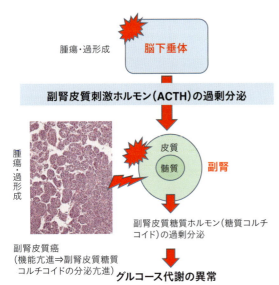

図7.9　クッシング症候群の機序

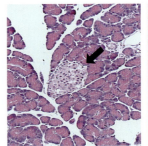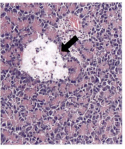

図7.10　薬物により傷害された膵島の組織像（左）．右は正常な膵島の組織像

を分泌させる（図7.8）．バセドウ病は，甲状腺ろ胞細胞を刺激する「TSH受容体抗体」が体内で産生された結果，甲状腺ホルモンが過度に分泌される自己免疫疾患である（図7.8）．甲状腺ホルモンは代謝を促す作用があることから，バセドウ病では動悸・手の震え・過剰な発汗・下痢などの身体的症状や，不眠や疲労感などの症状が見られる．

(4) クッシング症候群

クッシング症候群は，副腎皮質から分泌される糖質コルチコイドの過剰産生による疾患である．下垂体前葉に腫瘍（腺腫）や過形成病変ができて副腎皮質刺激ホルモンが過剰に産生されたり（クッシング病），副腎皮質に過形成や腫瘍ができることで生じる（図7.9）．多飲多尿，体重増加，顔が丸くなる，皮膚が薄くなる，高血糖などのさまざまな症状が引き起こされる．炎症やアレルギーの治療に使用されるステロイドなど副腎皮質ホルモン製剤の誤った使用によっても薬剤性クッシング症候群が生じることが知られている．

(5) 1型糖尿病，アジソン病，クレチン病

膵島のＢ細胞の障害によりインスリン分泌が欠乏すると1型糖尿病が生じる（図1.2，図7.10）．自己免疫疾患と考えられているアジソン病は副腎皮質の組織が障害されることから，糖質コルチコイドや鉱質コルチコイドが不足する．倦怠感，皮膚や粘膜に色素が沈着したり，血圧・体温の低下と呼吸数の減少などの症状が現れる．甲状腺のホルモンの欠乏で生じるクレチン病は，多くは先天性に生じ，骨の成長や知能の発育の遅れ，皮膚は乾燥気味となる．

7.4　自律神経系

自律神経系は，身体の内外のさまざまな環境変化に関する情報を感知し，一定の生理的状態を維持する恒常性にかかわる神経組織である．交感神経と副交感神経があり，標的器官に対し二重支配により拮抗的に作用している（図7.11）．

7.4.1　交感神経と副交感神経

(1) 交 感 神 経

交感神経は，胸髄や腰髄の側角に存在する神経細胞体から交感神経節前線維として出たのち，脊柱のそばに連なる交感神経幹を通り抜け，腹腔神経節や腸管膜神経節などを介し節後線維となって末梢に分布するものと，交感神経幹の神経節から節後線維となって頭部や胸部の諸器官，皮膚の血管・汗腺・立毛筋（体温調節）などに分布するものがある．そのために交感神経は節後線維が長い（図7.11）．

(2) 副交感神経

副交感神経は，中脳，延髄，仙髄にある神経細

7.4 自律神経系

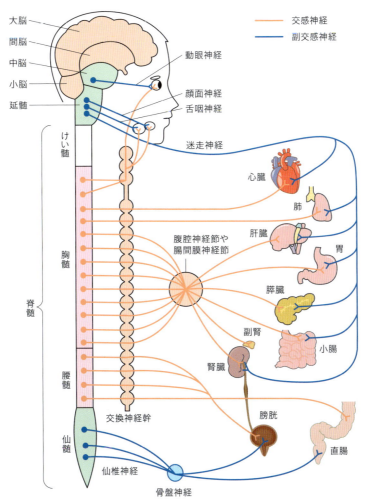

図 7.11 自律神経系
(鈴木孝仁ほか『チャート式新生物 生物基礎・生物』数研出版, 2013 を元に作図)

胞体から発し, 効果器の近くまたはその中に位置する副交感神経節を介して末梢に分布する. したがって節後線維は比較的短い. 中脳からは動眼神経, 延髄からは顔面神経・舌咽神経・迷走神経が, そして仙髄からは側角に存在する仙椎神経体の神経線維が骨盤神経を経由し末梢へ分布する. 特に, 延髄から出ている迷走神経は, 体内で多岐に枝分かれし胸腔や腹腔の諸器官に分布している(図7.11). 迷走神経は嚥下運動や声帯の運動, 血管や消化管の運動などにも関与している.

7.4.2 神経伝達物質と受容体

交感神経の節後線維の神経伝達物質は一般にノルアドレナリン(ノルエピネフリン), 副交感神経の神経伝達物質はアセチルコリンである. ただし, 節前神経の伝達物質はともにアセチルコリンである. ノルアドレナリンによる神経伝達をアドレナリン作動性, アセチルコリンによるものをコリン作動性という(図7.12). なお, 汗腺を支配する交感神経の節後線維は, 例外的にコリン作動性である.

アドレナリン・ノルアドレナリンを受け取る受容体をアドレナリン受容体という(図7.12). アドレナリン受容体はGタンパク質共役型の構造をしており, 合成薬イソプロテレノールの感受性に基づいて低い方をα受容体, 高い方をβ受容体と分類する. この合成薬は心筋のβ受容体に作用

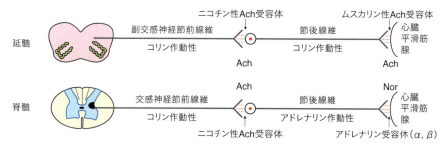

図7.12 アドレナリン作動性とコリン作動性の神経線維
Nor：ノルアドレナリン，Ach：アセチルコリン

し，心筋収縮力を増強する作用がある．

アセチルコリン受容体には，ニコチン性とムスカリン性がある．ニコチン性は，イオンチャネル内蔵型受容体で，ニコチンに特異的に反応する．自律神経節と中枢神経系に存在する神経型ニコチン受容体（N_N）と，運動神経の終末部の神経筋接合部に存在し骨格筋の収縮に関与する骨格筋型ニコチン受容体（N_M）がある．ムスカリン性受容体は，ベニテングダケ毒のムスカリンが特異的に反応するGタンパク質共役型の受容体で，副交感神経の標的臓器（図7.12）や中枢神経など生体内に広く分布する．

7.4.3 自律神経系が係る調節機能

(1) 血糖値

血糖値はホルモンによって調整されているが，自律神経もホルモンと協調し血糖値の調整にかかわっている（7.2.3参照）．低血糖では，視床下部からの交感神経の刺激により副腎髄質からアドレナリンが，膵島A細胞からグルカゴンが分泌され血糖値が上昇する．一方，高血糖では，副交感神経が膵島B細胞を刺激しインスリンが分泌され血糖値が下がる．

(2) 心拍動

心筋は刺激伝導系により自動的に拍動しているが，交感神経と副交感神経（迷走神経）によっても調節されている．血中の二酸化炭素分圧が上昇する運動時には，延髄の拍動中枢から交感神経を介し刺激伝導系を刺激することで拍動数が増加する．一方，二酸化炭素分圧が下がると，副交感神経を介し拍動数が平常に戻る．なお，血中の二酸化炭素分圧は大動脈にある化学受容器により感知されている．

(3) 呼吸運動

呼吸運動（平常時呼吸数：13〜17回/分）は，延髄にある呼吸中枢の支配により行われている．運動時には，交感神経を介し横隔膜と肋間筋が刺激され激しく動くことで呼吸が早まる．一方，二酸化炭素分圧が下がると副交感神経により呼吸筋の運動が抑制され平常に戻る．

(4) 体温の調節

熱は肝臓での代謝や筋肉運動により生じ，皮膚や呼気から失われ，平時の体温は一定（37度）に保たれている．外気温の変動による体温は，視床下部にある体温調節中枢と延髄の血管運動中枢により感知され血管拡張（放熱）あるいは収縮（保温）により保たれている．

厳しい寒さを感じると，視床下部からの交感神経の刺激により副腎髄質からアドレナリンが分泌され，心拍数の増加と代謝の促進により熱を作る．また，視床下部からの刺激で脳下垂体前葉から副腎皮質刺激ホルモンが産生され，副腎皮質から糖質コルチコイドが，前葉から甲状腺刺激ホルモンが産生され甲状腺ホルモンが放出される．これらのホルモンにより代謝が促進され熱が発生する．さらに，視床下部からの交感神経の刺激は皮膚の血管収縮と立毛筋収縮を起こし放熱を抑える．

激しい運動と高温時では，視床下部から脊髄（発汗調節部位）にある交感神経を介し発汗することで放熱し，体温を調整している．

7.5 自律神経系にかかわる病

7.5.1 有機リン剤中毒

農薬として使用される有機リン剤を誤って飲み込んでしまったときに起こる．有機リンがアセチルコリンエステラーゼの水酸基と結合しリン酸化することで，アセチルコリンエステラーゼのはたらきが阻害される．そのために神経シナプスでアセチルコリンが過剰に蓄積し，コリン作動性の中毒症状が出現する．ムスカリン様作用による縮瞳，徐脈，流涎，尿失禁など，ニコチン様作用による痙攣，散瞳，頻脈，呼吸困難などである．中枢神経への影響として不安，錯乱，興奮などがある．時間が経つと遅発性の軸索性神経障害が生じ，後遺症が残る可能性がある．サリンもコリンエステラーゼを阻害することから，有機リン中毒に類似した症状が生じる．

7.5.2 ニューロパチー

ニューロパチー（neuropathy）は，体性神経や自律神経が障害されることで生じる末梢神経障害の総称である．病変の主座によりneuronopathy（神経細胞体），axonopathy（軸索），myelinopathy（節性脱髄：髄鞘）に分けられる．糖尿病やアミロイドーシスにる自律神経性ニューロパチーがある．ギラン・バレー症候群は，細菌やウイルスなどの感染が引き金となるとされる自己免疫性ニューロパチーで，手足の感覚異常や痛み，麻痺，重症化すると自律神経の障害（血圧変動や不整脈など）が起こることがある．

7.6 免 疫 系

免疫とは，自己と非自己を認識し，非自己を無害化・排除して恒常性を保つ生体機構のことである．非自己とはウイルスや細菌などの病原体，有害物質（非自己物質）で，総じて「異物」とも表現される．自分の身体を構成している物質（自己の成分）が，非自己とみなされてしまうのが自己免疫疾患である．

免疫の機序としては，第一段目として異物の体内への侵入を防ぐバリア機能，第2段目として体内に侵入した異物を非特異的に排除する自然免疫，第3段目として侵入してきた異物に対して特異的に機能する獲得免疫（適応免疫）がある．

7.6.1 免疫にかかわる細胞と器官

(1) 免疫にかかわる細胞 (10.4.4参照)

免疫において中心的な役割を担うのは造血幹細胞から生じるリンパ球で，Tリンパ球（T細胞），Bリンパ球（B細胞），NKリンパ球（NK細胞：ナチュラルキラー細胞）などがある（図7.13）．

T細胞は，骨髄から未熟な状態で胸腺に移動し，そこでヘルパーT細胞（Th：CD4発現）とキラーT細胞（CD8発現）に成熟分化する．Th細胞は，産生するサイトカインの種類によりTh1とTh2に機能的に分化し，それぞれ細胞性免疫と液性免疫にかかわる（図7.13）．B細胞は骨髄から末梢リンパ組織（リンパ節や脾臓など）に移動し，液性免疫にかかわる抗体を産生する形質細胞に分化する．NK細胞は，末梢血や脾臓に存在し全身を循環しつつ，異物や異常な細胞を単独で殺傷し攻撃する（図7.13）．

免疫には，造血幹細胞から作られる好中球，好酸球，好塩基球や単球もかかわる．好中球は食細胞の一つで細菌の感染による化膿性の炎症で出現する．好酸球は好酸性顆粒を有する細胞で，特に寄生虫の感染で増える．好塩基球は好塩基性顆粒を有する細胞で，結合組織には同様の機能を有する肥満細胞（マスト細胞）がある．肥満細胞と好酸球はⅠ型アレルギー反応で出現する特徴がある．単球は，炎症部位において高い貪食活性を有するマクロファージとなる．なお，全身の組織にはマクロファージ系の細胞である樹状細胞と，組

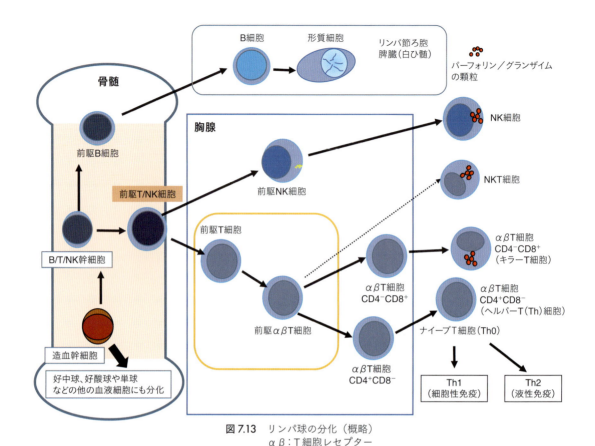

図7.13 リンパ球の分化（概略）
αβ：T細胞レセプター

織在住マクロファージ（組織球）がある．肝臓ではクッパー細胞が，中枢神経ではミクログリアが組織在住マクロファージに相当し，免疫にかかわる細胞として機能する．

(2) 骨髄，胸腺，リンパ節，脾臓

骨髄は，リンパ球などの免疫にかかわる細胞の生産の場となる．胸腺は，胸腔の前端（心臓の上方）に位置する器官で，T細胞の増殖や分化にかかわるが，加齢により退縮する特徴がある．リンパ節にはマクロファージに加え，抗原提示細胞，T細胞やB細胞などが集簇するろ胞が形成されており，ここで主に抗原提示が行われ獲得免疫が起動する．脾臓にも免疫機能を担う白ひ髄（リンパろ胞）がある．

7.6.2 物理的・化学的バリア

皮膚，呼吸器，消化管には第一段目の免疫機構である物理的・化学的バリア機能が備わっている．表皮には角質層（ケラチン）があり，病原体の侵入を物理的に阻止している．汗腺や皮脂腺の分泌物は弱酸性となっており細菌の繁殖を抑制する．気道から吸い込んだ異物は，鼻腔や気管において，粘膜の線毛上皮の運動やくしゃみ，咳や痰などにより排泄される．唾液中のリゾチームや胃酸には殺菌作用がある．涙もホコリなどを排除している．

7.6.3 自然免疫

自然免疫は，外界から侵入するいかなる異物に対しても非特異的に攻撃し排除するシステムで，下等動物から高等動物に至るまで備わっている原始的な免疫機能である．食細胞（好中球やマクロファージ）やNK細胞が主にかかわる．

(1) 食細胞

血液中を循環している好中球は異物が侵入するとその部位に集まり，リゾチームなどの抗菌物質

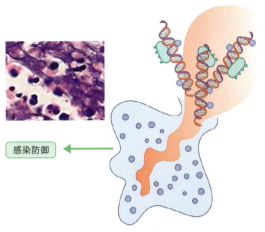

図 7.14 好中球の細胞外トラップ (NETosis: ネトーシス)
左上は糸状のトラップを放出する好中球の組織像.
(矢﨑義雄ほか編『内科学 第12版』(デジタル付録), 朝倉書店, 2022)

を分泌する．また，異物を貪食することで，崩壊した自身の核内のクロマチンを糸状に放出することで病原体を捕捉し，その活動を阻止する機能も有している．これは好中球細胞外トラップ (NETosis: ネトーシス) とよばれる（図7.14）．

マクロファージは血中の単球に由来する細胞で，大食細胞ともよばれ，好中球より大きい．高い遊走能を有し，異物を積極的に貪食し排除する．

(2) NK細胞（ナチュラルキラー細胞）

リンパ球の一種で，血中や脾臓に分布している．T細胞の機能を備えたNKT細胞もある（図7.13）．ウイルス感染細胞やがん細胞などを感知すると，穿孔タンパク質パーフォリンや破壊酵素グランザイムを放出することで感染した標的細胞にアポトーシスを誘導する．

(3) 補　体

補体 (C) は肝臓で作られるタンパク質で，数多くあるが主に9種類 (C1～C9) 程度が免疫で機能する．補体は，古典的経路や第2経路とよばれる複数の反応経路を経て活性化する．補体が異物の表面に付着し抗体をともない膜侵襲複合体を形成することで，細胞壁を損傷し溶菌作用を引き起こす．主に補体のC3とC5がかかわる．古典的経路は，IgGやIgM抗体による抗原抗体複合体のFc部分に補体C1が結合することで生じる細胞傷害を誘導する経路である．

また，補体や抗体が結合した病原体はマクロファージなどの食細胞により貪食されやすくなる．これをオプソニン効果という．これには補体C3が主にかかわる．

(4) Toll様受容体 (TLR)

食細胞の膜表面や，細胞内のエンドソーム膜には，Toll様受容体とよばれるパターン認識受容体がある．認識されるパターンには病原体関連分子パターン (PAMPs) と自身の細胞成分であるダメージ関連分子パターン (DAMPs) がある．食細胞は，Toll様受容体を介しパターンを認識することで活性化し，病原体に対する貪食・殺菌能力を高めたり，炎症性サイトカインを産生することで自然免疫を誘導する．

7.6.4　獲得免疫（適応免疫）

自然免疫で排除しきれなかった異物に対し特異的に機能する免疫機構が獲得免疫である．獲得免疫には細胞性免疫と液性免疫（体液性免疫）がある．

ウイルス，細菌，カビなどの病原体の成分や，自己とは異なるタンパク質，多糖類や脂質などの有機物，また，がん細胞などが特異的な抗原（異物）となる．

獲得免疫は抗原提示細胞が起点となる．抗原提示は異物を取り込んだマクロファージや樹状細胞などのマクロファージ系の細胞が担う．特に樹状細胞は，抗原提示能の高い細胞として知られており，皮下組織，消化管や気道などの粘膜下組織，リンパ節や脾臓など身体の至るところに分布している．表皮にもランゲルハンス細胞とよばれる樹状細胞の一種が常在（図7.15）しており，皮膚のバリアを破った病原体を取り込みリンパ節に移動することで抗原提示を行っている．

抗原提示細胞は取り込んだ異物（病原体）を処

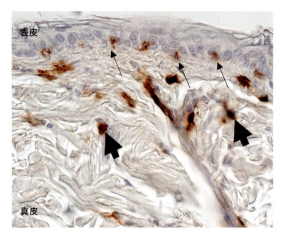

図 7.15 表皮に存在するランゲルハンス細胞（細い矢印）．真皮の膠原線維の間には樹状細胞が散見される（太い矢印）．

理し，MHCクラスⅡ（MHC：主要組織適合遺伝子複合体（後述））を介して抗原を提示する．それをヘルパーT（Th）細胞のT細胞受容体（TCR）が認識することで獲得免疫が起動する（図7.16）．抗原提示を受けるTh細胞はナイーブT細胞（Th0）とよばれ，Th1細胞とTh2細胞に機能的に分化する．Th1細胞により細胞性免疫が，Th2細胞により液性免疫が始動する．

（1）細胞性免疫（Th1細胞が関与）（図7.16）

抗原提示細胞から抗原情報を受け取ったTh1細胞は増殖し，サイトカインを放出することで，CD8発現キラーT細胞を活性化する．活性化したキラーT細胞は，病原体などの異物を抗原特異的細胞傷害により攻撃する．また，Th1細胞から放出されるサイトカインは，貪食活性のあるマクロファージや好中球などを活性化する（図7.17）．これら細胞は，特異的な異物を貪食し，排除する．

増殖したTh1細胞とキラーT細胞の一部は細胞性免疫における記憶細胞（メモリー細胞）となり，同じ抗原を有する異物の再侵入に備える．

（2）液性免疫（Th2細胞が関与）（図7.16）

抗原情報を受けたTh2細胞は増殖するとともに，サイトカインを産生してB細胞を刺激する．抗原特異的な刺激を受けたB細胞は増殖するとともに，侵入した異物（病原体など）の抗原に特異的に結合する抗体を産生する形質細胞に分化する（図7.18）．抗体は抗原抗体反応によって異物を無毒化する．抗原抗体複合物（免疫複合体）は，マクロファージなどにより貪食され排除される．

また，標的細胞の表面抗原に結合した特異的な抗体のFc部位がNK細胞，マクロファージ，好中球などの炎症細胞のFc受容体と結合することで，標的細胞が特異的に傷害されることがある．これが抗体依存性細胞介在性細胞傷害である（図7.16）．

Th2細胞とB細胞の一部は記憶細胞となって抗原の情報を記憶し，再び同じ抗原が侵入した際に，より強い液性免疫反応（特異的抗体を産生）を誘導することができる．これを二次応答という．ワクチンでは1回目接種後，数週間後に2回目を接種することで高い抗体産生を得ることができる．これがブースター効果である．

（3）抗　　体

液性免疫でB細胞／形質細胞から産生される抗体は免疫グロブリン（Ig）とよばれる．抗体はYの字状の化学構造をしている（図7.19）．

①抗体の種類

免疫グロブリンには5種類（IgG, IgM, IgA, IgE, IgD）が知られている．

IgGは，血液中に多量に存在する最も一般的な抗体である（図7.19）．胎盤を通過できるため移行抗体としても機能する．IgMは，免疫応答で最初に産生される抗体で，補体を活性化する作用を有する．IgAは，主に気道や消化管などの局所免疫にかかわる．また乳汁に多量に含まれ，母乳を介した乳児の免疫系において重要である．IgEは，血中では少ない．IgEのFc部分は粘膜や結合組織に存在する肥満細胞のFc受容体との親和性が高い．そのために，アレルゲンがIgEと結合すると肥満細胞が活性化され，Ⅰ型アレルギーが誘導

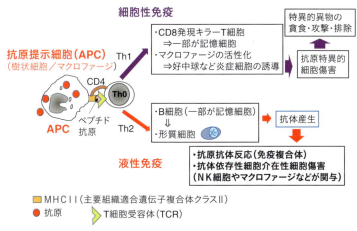

図 7.16　獲得免疫（細胞性免疫と液性免疫）の機能

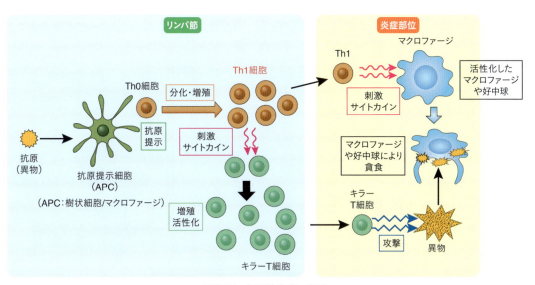

図 7.17　細胞性免疫の概略

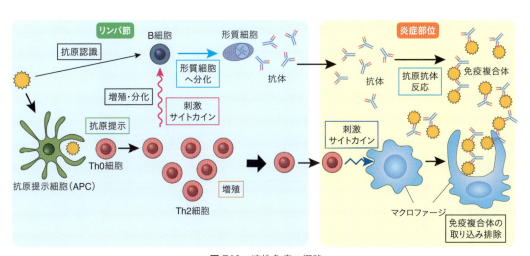

図 7.18　液性免疫の概略

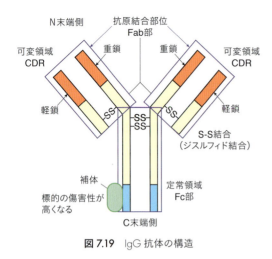

図7.19 IgG抗体の構造

される（後述）．IgDについては不明な点が多い．

②**免疫グロブリン（抗体）の構造**（図7.19）

抗体はH鎖（重鎖）とL鎖（軽鎖）からなり，両鎖がS-S結合でつながるY字状をしている．C末端にはどの抗体でも共通の定常領域があり，N末端側には，特異的な抗原と結合して抗原抗体反応を起こす可変領域（相補性決定領域，CDR）がある．CDRは遺伝子の再構築というメカニズムにより多様なタンパク質を作ることが可能で，さらに点突然変異を起こしやすい．可変部の多様性により，多様な抗原に対応する抗体を作ることができる．定常領域は補体や，細胞のFc受容体と結合する．補体との結合は古典的経路の活性化を，Fc受容体との結合は抗体依存性細胞介在性細胞傷害を誘導する（図7.16）．

③**抗原抗体反応**

B細胞はB細胞受容体（BCR）で特定の抗原を認識し（図7.18），Th2細胞により刺激を受けることで，抗体産生細胞である形質細胞へと分化する．産生される抗体のCDRに特異的な抗原が結合することで抗原抗体反応が生じる．その産物が抗原抗体複合体（免疫複合体）である．

免疫複合体は通常はマクロファージなどに貪食され排除される．しかし，抗原量が多いと血液を循環し，腎糸球体など全身の組織に沈着し炎症を起こすことがある．これがIII型アレルギーとなる．

(4) 主要組織適合遺伝子複合体（major histocompatibility complex：MHC）とT細胞受容体（TCR）

MHCは，個体ごとに多様性が高く，移植時の拒絶反応の要因となる．ヒトのMHCはHLA抗原（ヒト白血球抗原）とよばれる．MHCにはクラスIとIIの二つがある．

MHCクラスIは，ほとんどの細胞の細胞表面に発現している．MHCクラスIを介して提示された抗原が，TCRとCD8を発現するキラーT細胞に認識されると，キラーT細胞自身が活性化し，標的細胞に対する抗原特異的細胞傷害を誘導

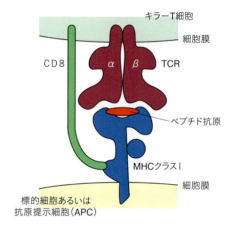

図7.20 CD8発現のキラーT細胞による抗原特異的細胞傷害

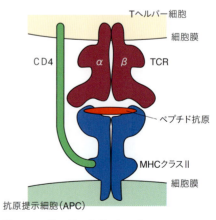

図7.21 抗原提示細胞（APC）からMHCクラスIIを介し抗原提示を受けるCD4発現ヘルパーT細胞（Th0）

する（図7.20）．II型アレルギーに関与する．

MHCクラスIIは，樹状細胞やマクロファージなどの抗原提示細胞に限定して発現している．これらは捕食した抗原を処理し，MHCクラスIIを介し，TCRとCD4を発現するTh細胞（Th0）に抗原提示する（図7.21）．Th0細胞は機能的にTh1あるいはTh2細胞へと分化する．特異性のある抗原のこの認識機序が獲得免疫の起点となる（図7.16）．

(5) B細胞受容体（BCR）

BCRは，免疫グロブリン（Ig）鎖の構造に類似しH鎖とL鎖からなる．先端部分は多様な可変領域で，根元は定常領域である．BCRが特異性のある抗原を認識するとB細胞は，同じ抗原を認識するTh2細胞の刺激により増殖し抗体産生細胞（形質細胞）へと分化する（図7.18）．さらに一部はメモリーB細胞となる．1つのB細胞は一種類の抗原しか認識できないため，さまざまな種類の抗原に対応するために数多くのB細胞が産生されることになる．

(6) Th1/Th2細胞の免疫バランス

一般に，Th1細胞は細菌やウイルス，がん細胞などに反応し，Th2細胞は，ダニ，カビ，寄生虫，そして花粉などに反応する．どちらか一方の反応が過剰にならないように，それぞれの細胞から分泌されるサイトカインがお互いの働きを制御するように機能している．これが，獲得免疫におけるTh1/Th2細胞の免疫バランスになる．

ヒトはTh2細胞の働きが優位な状態で生まれ，成長に伴いウイルスや細菌が侵入することでTh1細胞が発達し，徐々に免疫バランスが保たれていくとされる．子供のころアトピーや食物アレルギー（Th2細胞が関与）の症状があっても，成長するにつれ軽減あるいは消失することがあるのはこの免疫バランスによるとされる．

7.6.5　免疫を利用した医療

医療には，人為的に免疫を獲得させる方法が利用されている．これを人工免疫という．

(1) ワクチン

人工免疫の発端となったのは，18世紀イギリスのジェンナーによる天然痘に対する種痘の発見である．

生ワクチンは，毒性や病原性を低下（弱毒化）させ生きている細菌・ウイルスをそのままワクチンとして用いる方法で，不活化ワクチンは，毒性や感染力を失った（死滅させた）細菌やウイルスを利用した方法である．前者には麻疹や風疹ワクチンなどが，後者にはインフルエンザや日本脳炎ワクチンなどがある．

新型コロナウイルス感染症ではmRNAワクチンが使われた．これは，新型コロナウイルスのスパイクタンパク質の設計図となるmRNAを脂質の膜に包んだワクチンで，mRNAがヒトの細胞内に取り込まれることで，細胞内でスパイクタンパク質が作られ，それに対する抗体が作られることを利用した人工免疫である．

(2) 血清療法

ウマなどの動物に破傷風，ヘビ毒などの毒素を注射し抗体を作らせ，血液からポリクローナル抗体を含む血清（抗血清）を精製し，ヒトに投与する治療法である．

(3) 抗体医薬品

がん細胞などの細胞表面の目印となる抗原タンパク質をピンポイントでねらい撃ちする抗体（多くはモノクローナル抗体）が抗体医薬品である．

たとえば抗HER2抗体医薬品は，上皮系の癌細胞の増殖を促すHER2タンパク質の働きを抑制する抗体で，HER2遺伝子が発現している乳癌や肺癌の治療に効果があるとされる．

7.6.6　移　　　植

(1) 移植と拒絶反応

移植の提供者をドナー，移植を受ける側をホスト（あるいはレシピエント）とよび，移植される臓器や組織をグラフトという．

自分の他の部位を移植する自家移植（熱傷時の皮膚移植など）であれば問題はないが，他人の組織や臓器（腎臓や肝臓など）を移植すると拒絶反応が生じることがある．これを避けるには，組織適合抗原が一致するドナーから移植を受ける必要がある．特にMHCは移植時の拒絶反応に深くかかわっている．拒絶反応を少しでも和らげるために免疫抑制剤が使用されることがある．

（2）移植片対宿主病

特に骨髄細胞の移植の際に，移植したドナーの骨髄内のリンパ球がホストに対して免疫反応を起こし，肝臓や皮膚などを攻撃し，しばしば致命的となる．これが移植片対宿主病である．

7.6.7　免疫寛容

自己の細胞や細胞成分に対して免疫応答が誘導されないようにするシステムを免疫寛容という．たとえばT細胞の分化成熟の場である胸腺では，自己に強く反応するT細胞（自己反応性T細胞）はアポトーシスにより除去される．骨髄でもB細胞で同じことが起き，自己反応性を持たないT細胞とB細胞だけが選択的に残る．

T細胞の一種である制御性T細胞（Treg）は，自己免疫疾患などの過剰な免疫応答を抑制する役割を担う細胞とされており，このシステムも免疫寛容にかかわるとされる．

7.7　免疫系にかかわる病

7.7.1　免疫不全症候群

ヒトでは，遺伝的に免疫担当細胞を作れないX連鎖無ガンマグロブリン血症や選択的IgA欠損症などの先天性免疫不全症候群がある．ヒト免疫不全ウイルス（HIV）はヘルパーT細胞に感染することで免疫機能を抑制し，後天性免疫不全症候群（AIDS）を起こす．ネコやサルにもそれぞれネコ免疫不全ウイルス（FIV）やサル免疫不全ウイルス（SIV）などの感染症がある．医療目的の放射線照射，抗がん剤や移植時の免疫抑制剤の使

表7.2　アレルギー反応

型	代表的な疾患
I型	気管支喘息，花粉症，蕁麻疹，食物アレルギー，アトピー性皮膚炎（IV型反応もある），アナフィラキシーショック　など
II型	天疱瘡，重症筋無力症，自己免疫性溶血性貧血，橋本病（甲状腺炎：甲状腺機能低下），バセドウ病（甲状腺機能亢進），グッドパスチャー症候群など
III型	膜性糸球体腎炎，全身性エリテマトーデス（ループス腎炎），関節リウマチ，多発性結節性動脈炎　など
IV型	結核，ツベルクリン反応，アレルギー性接触性皮膚炎（かぶれ），アレルギー性脳炎　など

用により骨髄での造血が低下し免疫機能が抑制されることがある．免疫機能が抑制されると細菌やカビなどによる日和見感染症が生じ重篤化しやすい．また悪性の新生物が生じやすくなる．

胸腺を遺伝的に欠損したヌードマウス，T細胞とB細胞を遺伝的に欠損した重症複合免疫不全（SCID）マウス，また人為的な遺伝操作により免疫機能をほぼなくしたNOGマウスなどの免疫不全状態の動物は，ヒトのがん細胞などを移植する実験モデルとして利用されている．

7.7.2　アレルギー反応

アレルギーとは異常な免疫反応に基づく生体に対する全身的または局所的な障害で，炎症反応を導く疾患群である．血中抗体による液性免疫反応に基づくI，II，III型アレルギーと，細胞性免疫反応に基づくIV型アレルギーに大別される（表7.2）．

（1）I型アレルギー（即時型・アナフィラキシー型）

液性免疫による反応で，アレルゲン（抗原）刺激を受けたB細胞で作られたIgE抗体が肥満細胞のIgE受容体に結合する．再度アレルゲンが侵入すると，アレルゲンは肥満細胞のIgEと結合し活性化する（図7.22）．活性化した肥満細胞からヒスタミンやセロトニンを含んだ顆粒が放出されると血管透過性が亢進し，水腫や炎症が生じる．気管支喘息や花粉症などがある（表7.2）．全身性の

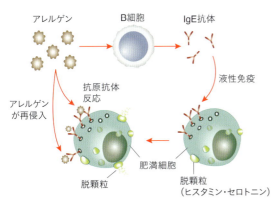

図7.22　I型アレルギー反応

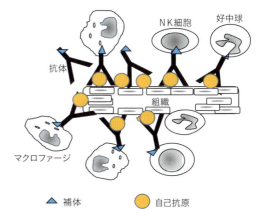

図7.23　II型アレルギーの抗体依存性細胞介在性細胞傷害

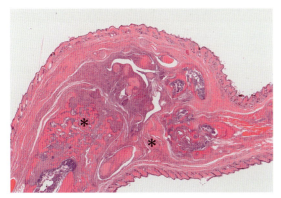

図7.24　関節リウマチ（III型アレルギー反応）の組織像：関節に炎症が生じ骨や軟骨が融解している（*）

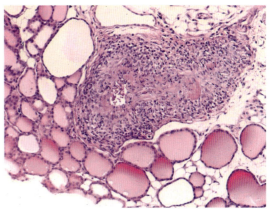

図7.25　甲状腺の動脈にみられる結節性動脈炎（III型アレルギー反応）の組織像

アレルギー反応が引き起こされ，血圧の低下，呼吸困難や意識状態の悪化が出現した状態がアナフィラキシーショックで，アドレナリン注射薬を投与するなど迅速な処置が必要となる．

(2) II型アレルギー

抗体依存性の免疫反応で，抗体（IgG・IgM）が，抗原を有する自己の細胞に結合することで抗原抗体反応が生じる．抗原抗体複合体がオプソニン効果を有する補体を活性化したり，抗体依存性細胞介在性細胞傷害にかかわるマクロファージ，NK細胞，好中球などの炎症細胞を誘導することで，自己の細胞や組織が損傷される（図7.23）．「細胞傷害型アレルギー」ともよばれ，多くが自己免疫疾患である．天疱瘡や重症筋無力症などがある（表7.2）．

(3) III型アレルギー

抗体依存性の免疫反応で，自己の抗原に対して生じた抗体（IgG・IgM）が免疫複合体となり，その免疫複合体が組織（主に腎糸球体，関節，血管，皮膚など）に沈着することで補体や好中球などの炎症反応が活性化され，組織や細胞に損傷を引き起こす．「免疫複合体型アレルギー」ともよばれる．関節リウマチ（図7.24）や多発性結節性動脈炎（図7.25）などがある（表7.2）．

(4) IV型アレルギー（遅延型アレルギー）

抗原特異的なT細胞依存性の細胞性免疫がかかわる（図7.16・図7.26）．抗原を記憶した感作T細胞が再び同じ抗原に刺激されるとサイトカインを産生する．サイトカインにより活性化されたマクロファージ，キラーT細胞や好中球などの炎

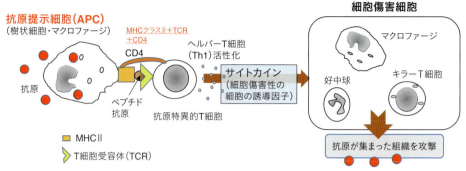

図7.26 T細胞依存性の細胞性免疫（IV型アレルギー）

症細胞が抗原侵入部位に集まり炎症を引き起こす（図7.26）．この免疫反応には時間がかかることから「遅延型アレルギー」ともよばれる．結核菌に対する免疫応答を検査するツベルクリン反応や，接触性皮膚炎（かぶれ）では浮腫や炎症反応が認められ，結核病変では免疫性肉芽腫が形成される（10.4.4参照）．

7.7.3 自己免疫疾患

自己の成分を非自己（自己抗原）と認識することで生じる免疫反応による疾患である．遺伝的素因と外的要因（細菌やウイルス感染など）が引き金となっていると考えられているが，決定的な病因の解明には至っていない．

自己免疫疾患には，全身性エリテマトーデス（SLE），関節リウマチ，橋本病，バセドウ病，重症筋無力症，多発性硬化症，自己免疫性溶血性貧血，皮膚筋炎・多発性筋炎，全身性硬化症（強皮症），シェーグレン症候群など，数多くある．SLE，強皮症，皮膚筋炎・多発性筋炎，関節リウマチ，シェーグレン症候群では自己の核物質が自己抗原となり，それに対する抗核抗体が発症にかかわるとされる．重症筋無力症では，アセチルコリンレセプターに対する自己抗体が生じることで神経筋接合部での神経伝達に不具合が生じ，その結果筋力が徐々に低下する（図7.27）．胸腺腫の患者に発症することが知られているが，その因果関係は明らかにされていない．

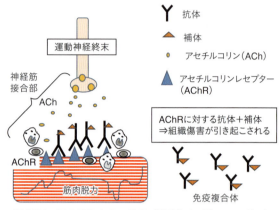

図7.27 重症筋無力症の機序（概略）（II型アレルギー）

7.8 脳の高次機能

ヒトの脳の高次機能は，主として大脳で営まれ，ヒトがヒトとして健全な社会生活を営む上で重要な役割を担っている（図7.1）．

7.8.1 脳の構造と機能

脳は，大脳，間脳（視床・視床下部），脳幹（中脳・橋・延髄），小脳などからなり（図7.28・図7.29），それぞれに特異的な機能がある（表7.3）．ヒトの脳は特に複雑な構造を有し，理性を司る大脳新皮質（理性脳），情動を制御する大脳辺縁系（情動脳），そして生理機能，生得的行動（生まれつき備わっている行動様式）や反射にかかわる脳幹，間脳や大脳基底核（反射脳）の3つの階層からなる．ヒトの脳には約1000億の神経細胞と100兆程度のシナプスがあり，相互に連携することで複雑に機能している．

脳機能の一つの特徴として，発生段階の脳の部

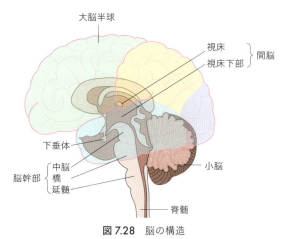

図7.28 脳の構造

の大半が新皮質であり，それ以外の皮質は大脳辺縁系（辺縁皮質）に含まれる．高度な知的活動に関係する新皮質はヒトや霊長類で特に発達している．大脳新皮質は，神経細胞が規則的に配列し6層からなる構造をしており，回（脳回）により複雑に入り組み皺状になることで表面積が大きくなっている．

大脳新皮質は，深い溝で仕切られ，大きく前頭葉，側頭葉，頭頂葉，後頭葉の4領域に区別される（図7.30）．視覚野は後頭葉に，聴覚野は側頭葉に，体表の触覚や手足の位置などを感じる体性感覚野や味覚野は頭頂葉にある．また，前頭葉と頭頂葉を分ける溝の前頭葉側には，随意的な運動の指令を司る運動野がある．各領域と連携・統合し情報を処理する部位が連合野で，各領域に存在する．なお，感覚情報のうち嗅覚は大脳に直接届くが，他の感覚情報は視床（間脳の一部）を経由し，大脳のそれぞれの感覚野と感覚連合野で処理される．

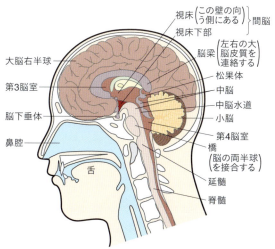

図7.29 大脳の横断面の構造

分欠損や傷害，あるいは成人における脳損傷において代替的な機能回復がみられることがある（脳の機能分化の可塑性）．

7.8.2 大脳新皮質

大脳皮質は，系統発生学的に古皮質，原皮質，中間皮質，新皮質に分けられる．ヒトの大脳皮質

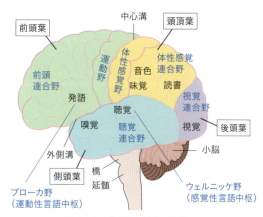

図7.30 大脳新皮質の役割

表7.3 脳と脊髄のおもな機能

大脳		感覚，随意運動や高度な精神活動（記憶，思考，感情，理解など）の中枢
小脳		筋肉運動を調整し，身体の平衡を保つ中枢
間脳	視床	嗅覚以外の感覚神経と大脳をつなぐ中継部位
	視床下部	自律神経系と内分泌系の中枢（血圧・血糖・体温や内臓機能の調節）
中脳		眼球運動・瞳孔反射や，姿勢保持の中枢
延髄		呼吸運動・血液循環（心拍動・血管運動）の調節中枢と，唾液や消化液の分泌，飲み込む，吸う，咳，瞬き，くしゃみなどの反射中枢
脊髄		脳と末梢の間の興奮の中継と，脊髄反射（膝蓋腱/屈筋反射・排便・排尿など）の中枢

大脳は右と左の半球に分かれており，それぞれ高次の機能を分担している．大脳左半球は言語，数的・論理的思考，情報の結びつけによる論理性の構築，視覚や聴覚情報の処理による骨格筋の精密な制御や的確な作業の遂行にかかわっている．大脳右半球は画像・映像などの幾何学的なパターン認識，空間映像の把握，音楽や感情の処理，異なる情報を同時に処理し物事を直感的に思考することや，感情に訴えかけた表現をすることにかかわっている．俗に，左半球は論理性脳，右半球は感情性脳とよばれる．左右の半球は脳梁によりつながって情報を交換することで，協調して機能している．

7.8.3 大脳辺縁系

大脳辺縁系は，大脳新皮質の内側にあり脳幹や間脳を取り巻く環状の構造体で，帯状回，扁桃体，海馬，海馬傍回，嗅球や側坐核（大脳基底核に含めることもある）などが含まれる（図7.31,図7.32）．発生学的に古い皮質で，情動，本能，記憶，自律神経の制御など基本的な生命現象を統御する本能的な機能に関係している．内分泌系の中枢である間脳の視床下部とも連携している．

扁桃体は，好き嫌いや情動を認識し，感情を記憶(処理)する場とされる．海馬は形がタツノオトシゴに似ていることからこうよばれ，記憶の中枢である．海馬と扁桃体は機能的に密接に関連している．海馬で処理された短期記憶は，その後長期記憶として側頭葉内側部で処理され大脳連合野（新皮質）に蓄積される．そのため海馬が障害されると短期記憶は失われるが，長期記憶は保持される．また，海馬の周囲には海馬傍回とよばれる部位があり，風景の記憶や顔の認識にかかわっているとされる．帯状回は大脳辺縁系の各部位の機能を結びつける役割があり，感情，意志決定，学習と記憶の処理にかかわりを持つ．嗅脳の先端にある嗅球は，脳底部の前端に突出し，嗅覚情報の入り口となっている．脊索動物の脳は嗅脳から発生しており，嗅覚は本能的な感覚といえる．嗅神経からの嗅覚情報は，嗅球から扁桃体・海馬を経由し側頭葉の嗅覚野に伝わることから，嗅覚は海馬での記憶とも関連している．

側坐核は快感を作りだし，意欲を引き出す場とされる．また，前頭葉の前頭前野（連合野の部位）と連関し，達成感を感じさせて報酬系を形成する．大脳基底核に含まれる中脳の黒質からドパミン作動性入力を受け，習慣性のある薬物（麻薬や大麻など）に対する嗜癖作用にもかかわっているとされる．

7.8.4 大脳基底核

大脳基底核は，大脳の底部にあり，大脳新皮質と視床・脳幹を結ぶ神経核の集まる部位である．線条体（被殻と尾状核），淡蒼球，黒質（緻密部

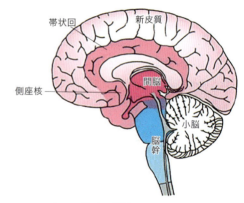

図 7.31 大脳辺縁系の領域
(坂本順司『理工系のための生物学』裳華房，2009)

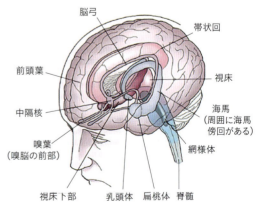

図 7.32 大脳辺縁系とその周囲
(坂本順司『理工系のための生物学』裳華房，2009)

と網様部），視床下核からなる（図7.33）．線条体と視床下核が大脳皮質の広い領域から興奮性入力を受け，淡蒼球と黒質が視床や脳幹に投射している．

大脳基底核は特に学習や記憶に基づいた運動の企画や推進にかかわっており，そのために大脳皮質の運動野と連携しループ状のネットワークを形成している．また，運動の時間的・空間的な行動に関与する小脳とも連携し，「手続き記憶」にかかわっている．手続き記憶とは，スポーツの動作や楽器の演奏など，同じ経験の繰り返しにより獲得される記憶で，一旦形成されると，意識的な処理を伴わず自動的に機能し，長期間保存される．非陳述記憶のひとつとされる．

線状体は中脳の黒質からのドパミン作動性の神経線維を受けている．神経伝達物質としてドパミンのほかにアセチルコリンもあり，両者がバランスをとることで，円滑な運動を行うことができる．

7.8.5 脊髄の体性神経と脳

脊髄は，神経細胞体がある灰白質が内側に，神経線維が走行する白質が外側にある．大脳や小脳はその逆で，外側が灰白質で内側が白質の構造をしている．灰白質と白質の内外が入れ替わる部位が延髄になる．脊髄の体性神経である運動神経は腹角（前角）から遠心性に出て行き，感覚神経は背角（後角）に求心性に入る．

運動神経は大脳からの指令を受けて骨格筋を作動させる．その経路には大脳皮質の運動野から出る運動指令を随意的に骨格筋に伝える錐体路と，筋の緊張や微妙な筋の動きを意識することなく調整する錐体外路の2つがある（図7.34）．錐体路では，神経線維は延髄の錐体で交叉（椎体交叉）して脊髄を下行し，腹角でシナプスを介して運動神経に伝わり，末梢で神経筋接合部を経て骨格筋に興奮が伝えられる．錐体外路では，大脳皮質にある錐体外路中枢からの神経線維が大脳基底核，視床，中脳の黒質や赤核，そして小脳などを複雑に経由して脊髄の運動神経に伝わり，協調性の運動を司っている．パーキンソン様症候群は，黒質－線条体のドパミン作動性神経路の変性疾患で，錐体外路系がかかわる障害とされる．

感覚神経では，皮膚で感じる感覚（痛覚，温覚，圧覚など）は求心性に脊髄神経節がある脊髄後根に入る．その際に，背角の神経細胞を経て上行し延髄で交叉する求心性伝導路（主に触覚）

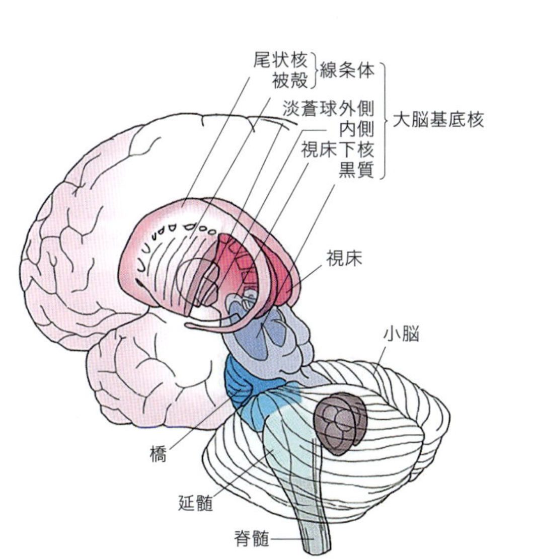

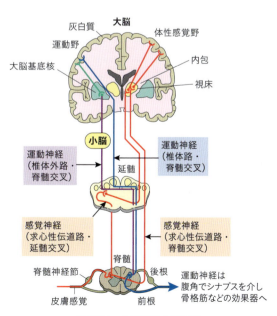

図7.33 大脳基底核と錐体路
（坂本順司『理工系のための生物学』裳華房, 2009）

図7.34 体性神経の伝達路

と，背角脊髄で交叉し上行する求心性伝導路（主に痛覚と温覚）がある．これらの知覚路は間脳（視床）でシナプスを経由し大脳皮質の体性感覚野に達する（図7.34）．延髄と脊髄どちらで交叉しても，右半身の感覚は左の感覚野へ，左半身の感覚は右の感覚野へ入ることになる．

7.8.6 反　　射

刺激を受けて無意識に起こる定型化された反応を反射という．刺激の興奮が大脳に伝わることなく，脊髄や延髄などを経由し，すばやく効果器に伝わる行動で，ものを食べると唾液がでるとか，眼の前に何かが横切るとまぶたを瞬時に閉じるなどがある（表7.3）．膝蓋腱反射は，「膝を叩く⇒筋紡錘（自己受容器）⇒感覚神経⇒脊髄内⇒運動神経⇒骨格筋収縮」を経て生じる反射である．このような刺激を受けてから反射が起こるまでの経路を反射弓という（図7.35）．

反射とよばれるのは通常は無条件反射で，先天的に備わっている反射行動である．一方，経験に基づいて獲得された反射行動が条件反射である．イヌにベルを鳴らしてから食事を与えることを繰り返すと，ベルの音のみに反応して唾液をだすようになった実験がよく知られている．

7.8.7 脳の高次機能にかかわる神経伝達物質

グルタミン酸は興奮性神経伝達物質として知られている．シナプス前神経から分泌されるグルタミン酸は，シナプス後膜のグルタミン酸受容体（AMPAとNMDAの二つ）のうちまずAMPA受容体と結合するが，高頻度の活動電位ではNMDA受容体も反応し，これらの受容体が協調することで細胞内の信号変換がより活性化し，シナプス前後で強力な活動電位が生じる．このような機序によりグルタミン酸は学習や記憶にかかわっていると考えられている．一方，グルタミン酸は細胞内カルシウム濃度を上昇させ，フリーラジカルやプロテアーゼ活性を増加させることで神経興奮毒性（細胞死の誘導など）を示すことがあ

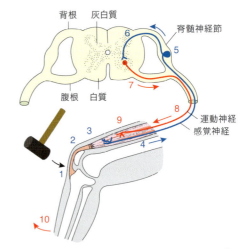

図7.35 膝蓋腱反射（1，2，3の順に反射が生じる）
（鈴木孝仁『チャート式新生物　生物基礎・生物』数研出版，2013）

る．

γ-アミノ酪酸（GABA）やグリシンは脳における抑制性神経伝達物質として機能している．アセチルコリンは，中枢神経の主要な神経伝達物質であり，アルツハイマー病ではこの物質の濃度が低下しているとされる．モノアミン類であるドパミン，ノルアドレナリンとセロトニンは，相互に関連しあうことでヒトの知性，意志，感情などいわゆる「こころ」の活動に関与し，そのバランスの乱れはさまざまな精神障害と関連するとされる．ポリペプチドであるエンドルフィンは中枢神経系においてオピオイド様の作用を示す（なお，オピオイドは麻薬性鎮痛剤を指す用語）．また一酸化炭素や一酸化窒素も生理的な濃度であれば，神経細胞間の伝達物質として働いている．

7.9　脳にかかわる病

7.9.1 脳　梗　塞

脳梗塞は，脳に栄養を供給する終末動脈の循環障害により，神経組織が融解壊死する疾患である．壊死すると脳は軟化する（図7.36）．大脳深部の細動脈に生じる直径1.5cm以下の梗塞巣はラクナ梗塞とよばれる．梗塞は発生部位により，言語障害，行動障害や情動障害などの症状が現れ

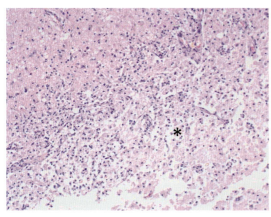
図7.36 脳梗塞により軟化した脳組織（＊）

る．ラクナ梗塞が多発すると，脳血管性認知症になるリスクが高くなるとされる．

7.9.2 神経変性疾患

神経変性疾患は，脳の神経細胞に異常構造をとるタンパク質が蓄積することで神経細胞が変性し，神経機能の働きが悪くなる疾患である．認知，情動や運動などの高次機能に障害が生じ，いわゆる認知症を引き起こす．アルツハイマー病，ピック病，レビー小体病や前頭側頭葉変性症などが知られている．

アルツハイマー病は，神経細胞内にタウタンパク質が凝集し，変性した神経細胞を囲むようにアミロイドβが蓄積する．この病変を「老人斑」という．海馬が早期に萎縮することから近時記憶がまず障害され，進行すると大脳の萎縮が進んで認知機能が低下し，言語理解や発語が困難となり，歩行にも障害が生じる．

ピック病は，神経細胞内にタウタンパク質から構成されるピック球とよばれる封入物が形成される．前頭葉や側頭葉に限局した葉状萎縮を示す特徴がある．記憶や見当識（現在の年月や時刻，自分の居場所など基本的な状況把握のこと）は比較的保たれるが，行動異状，性格変容や言語障害などがみられる．

レビー小体病は神経細胞にαシヌクレインからなるレビー小体が生じる疾患で，レビー小体型認知症とパーキンソン病が含まれる．前者は基底核，扁桃体や側頭葉などの大脳皮質にレビー小体が観察され，物忘れや幻覚（天井の模様が虫に見えるなど）などの症状で始まり，立ちくらみや頻尿がある．後者では黒質にレビー小体が観察され，黒質のドパミン作動性神経が障害され動作緩慢，ふるえや歩行障害などが現れる．

アルツハイマー病が大脳の後方領域を侵すのに対し，前頭葉や側頭葉の大脳前方領域を障害する神経変性疾患が前頭側頭葉変性症である．複数の疾患が含まれるが，神経細胞にタウタンパク質あるいはTDP-43タンパク質からなる封入物を伴う2群が大きな割合を占めている．運動ニューロン疾患を合併するタイプもある．TDP-43タンパク質は，遺伝子の転写・翻訳などを制御する機能を有する．

7.9.3 脳死と植物状態

脳幹を含めた脳全体の機能喪失と回復の可能性がない状態を脳死とよぶ．人工呼吸器など生命維持装置の措置を講じなければ，やがて呼吸は止まり，心拍動も停止する．

実際には，「深い昏睡にあること」，「瞳孔が固定し一定以上開いていること」，「刺激に対する脳幹の反射がないこと」，「脳波が平坦であること」，「自分の力で呼吸ができないこと」の5項目を確認し，6時間以上経過した後に再度同じ確認をすることで脳死と判定される．

植物状態とは，大脳の機能は停止しているが，脳幹の生命維持にかかわる機能が停止していない状態である．自発的な呼吸や心拍動による血液の循環などの調節は行うことができる．

第8章 細胞周期と腫瘍

細胞分裂は規則正しく行われる細胞周期により調整されている．細胞周期の調節機構の破綻は，いろいろな病態と関連する．

細胞分裂には，体細胞分裂と減数分裂がある．減数分裂は，染色体が親細胞 $2n$ の半分に減数する必要がある配偶子 n において起こる（第6章参照）．配偶子形成以外の体細胞で起こる細胞分裂が体細胞分裂である．

8.1 細胞周期と体細胞分裂

8.1.1 細胞周期のステージ

体細胞分裂の細胞周期は，順立てて進む4つのステージに分けられる．G_1 期⇒S期⇒G_2 期⇒M期と推移する（図8.1）．M期は，核分裂（前期⇒中期⇒後期⇒終期）とそれに続く細胞質分裂からなる．核分裂と核分裂の間（G_1, S, G_2 期）を間期とよぶ．細胞周期が1周すると1つの親細胞から2つの娘細胞が形成されるが，S期においてDNA量が2倍に合成されることから，娘細胞の染色体数は，分裂前の親細胞 $2n$ のそれと同じ $2n$ になる．

ほ乳類の細胞では，細胞の1周期は24時間程度とされる．G_0 期は休止期にある細胞である．

8.1.2 M期（核分裂と細胞質分裂）

前期は，中心体が分裂（中心体分裂）し細胞の両極に移動することで星状体ができる．また，核内のクロマチン線維が染色体（1対の染色分体）へ凝集し，核膜が消失する．中期では，赤道面に集合した染色体の動原体に，両極の星状体から伸びた微小管（動原体微小管）が結合する（図8.2）．後期では，赤道面に配列する各染色体の2本の染色分体が，それぞれ分かれて動原体微小管（紡錘糸）により引っ張られ両極の星状体に向かって移動する（図8.3）．両極の星状体から伸びる微小管（動原体微小管や極微小管）がラグビー

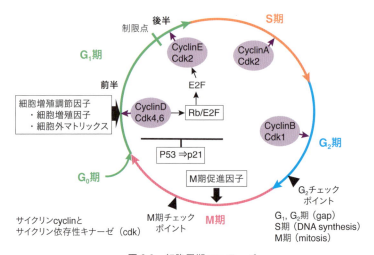

図8.1　細胞周期のステージ

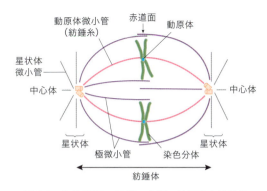

図 8.2 細胞周期の M 期の中期の紡錘体と星状体

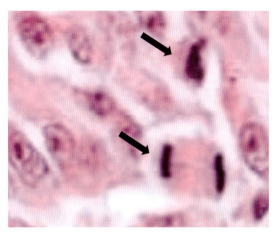

図 8.3 体細胞分裂（矢印）：上方が M 期の中期，下方が M 期の後期

ボール状にみえる構造を紡錘体という．終期は，染色体が両極に到達し，ほぐれてクロマチン線維となる．クロマチン線維は核膜に包まれ2個の娘核になるとともに，細胞質分裂が生じ始める．細胞質分裂では，収縮環（アクチンとミオシンからなるリング）により細胞質がくびれ，細胞小器官と染色体が均等に分配されることで親細胞と同じ2個の娘細胞となる．

8.1.3 体細胞分裂能による細胞特性

動物の身体にはさまざまな細胞が存在し，体細胞分裂能も違う．表皮，粘膜，腺や造血組織の細胞は細胞分裂を常に繰り返している．これらを不安定細胞群とよぶ．肝細胞，線維芽細胞や平滑筋細胞は，通常，静止状態（G_0期）にあり，なんらかの増殖刺激により容易にG_1期に入り分裂増殖する．これらを安定細胞群という．神経細胞，骨格筋や心筋などは，機能的・形態的に高度に分化して分裂能を失った細胞で，永久細胞群とよばれる．

8.1.4 細胞分化

細胞は分裂を繰り返すことにより，機能的・形態的により高度な細胞へと推移することがある．これを細胞分化という．表皮では，基底細胞層⇒有棘細胞層⇒顆粒細胞層⇒角質細胞層の分化段階（分化系列という）があり，段階が進むごとに分裂能は低下する．角質細胞層のケラチンからなる角化上皮は脱核し，分裂能がない．

8.1.5 細胞周期の調節機構

細胞周期を規定する因子としてサイクリンcyclinとサイクリン依存性キナーゼ（cdk：cyclin-dependent kinase）からなる酵素複合体がある（図8.1）．この複合体が順次活性化されることで細胞周期が進む．G_1期，G_2期とM期には，次のステージに移るためのチェックポイント機構が存在する．G_1期では細胞のヌクレオチドの量，G_2期ではDNAの損傷や複製状態の有無，M期では染色分体と紡錘糸の結合状態などがチェックされる．

特に，G_1期の終盤にあるチェックポイントは制限点（R点）とよばれ，細胞外からのさまざまな調節因子（細胞増殖因子や細胞外マトリックスなど）の影響下にある．R点ではcdk4,6/サイクリンD複合体がpRbをリン酸化することでpRb/E2F複合体の結合を解き，フリーとなったE2Fが転写因子としてS期への移行に必要な種々のプロモーターと結合することで細胞周期が始動する．一方，転写因子であるp53タンパク質（*TP53*遺伝子産物）は*p21*遺伝子の発現を誘導することにより，細胞周期を停止させる．p21タンパク質には，サイクリンDの機能を抑制したり，DNAの複製を阻害する作用がある．また，p53にはDNAの修復機能があり，修復に不具合が生じると細胞周期を停止させ，細胞をアポトー

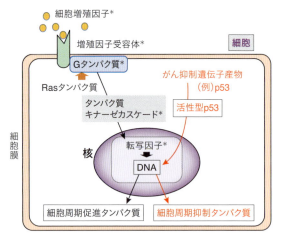

図8.4 細胞増殖にかかわるがん原遺伝子（＊）とがん抑制遺伝子

表8.1 良性と悪性腫瘍の基本的な命名法

上皮系組織	良性	悪性
表皮（重層扁平上皮）	乳頭腫	扁平上皮癌
腺（乳腺・唾液腺など）	腺腫	腺癌
粘膜（胃，腸や子宮など）	腺腫	胃癌，大腸癌，子宮癌

非上皮系腫瘍	良性	悪性
線維芽細胞	線維腫	線維肉腫
骨芽細胞	骨腫	骨肉腫
脂肪細胞	脂肪腫	脂肪肉腫
血管	血管腫	血管肉腫

シスに導く．

8.1.6 「がん原遺伝子」と「がん抑制遺伝子」

細胞には細胞周期を促す遺伝子と，細胞周期を抑制する遺伝子が存在する（図8.4）．

細胞増殖を促す遺伝子を「がん原遺伝子」という．がん原遺伝子になんらかの突然変異が生じることで，細胞が異常に増殖し「がん化」が誘導される．そのような変異型を「がん遺伝子」という．がん遺伝子には，細胞増殖因子，その受容体やそれを受け取るカスケードシグナル因子，そして転写因子などの信号伝達系をコードする遺伝子が含まれる．たとえば *ras* 遺伝子（Rasタンパク質）が変異すると，その遺伝子産物は細胞増殖を異常に促進する．一方，細胞周期を抑制する機能のある遺伝子に異常が生じると，ブレーキが利かなくなることでがん原遺伝子の作用が増強する結果，がん化が促進する．このような遺伝子を「がん抑制遺伝子」といい，通常の細胞周期の制御においても機能している．がん抑制遺伝子としてよく知られているのが *TP53* 遺伝子で，そのタンパク質であるp53は，同様にがん抑制遺伝子である *p21* 遺伝子に作用することで細胞周期を抑制している．

8.2 細胞分裂にかかわる病（腫瘍）

8.2.1 腫瘍とは

細胞周期にかかわる遺伝子の異常により，細胞周期が過剰に促進されると腫瘍が形成される．腫瘍は，「生体の調和に組み込まれない異常な細胞群の不可逆的・自律的な増殖」と定義できる．新生物とも称され，良性と悪性に分けられる．

8.2.2 腫瘍の命名法（表8.1）

腫瘍細胞はその由来（起源）に基づいて，表皮，腺や粘膜などの上皮系組織と，結合組織（線

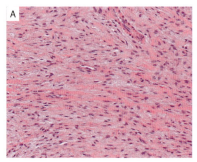 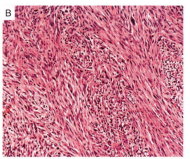

図8.5 線維腫（A）と線維肉腫（B）の組織像

8.2 細胞分裂にかかわる病（腫瘍）　　115

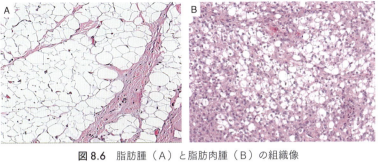

図 8.6　脂肪腫（A）と脂肪肉腫（B）の組織像

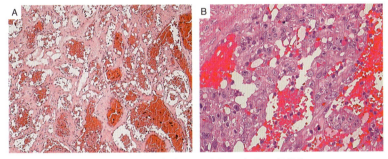

図 8.7　血管腫（A）と血管肉腫（B）の組織像

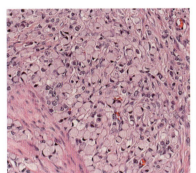

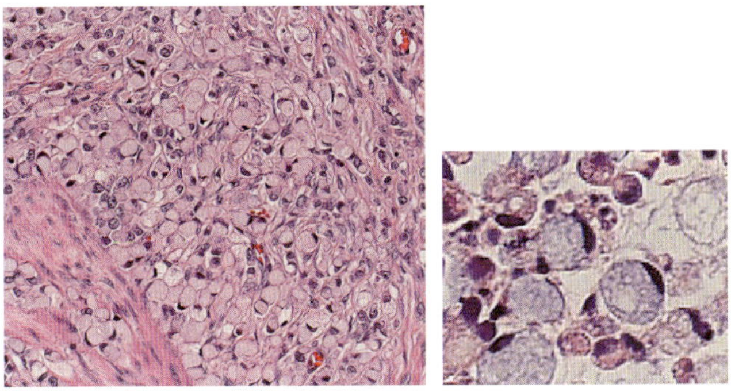

図 8.8　胃の印環細胞癌の組織像
（右：粘液を含む印環状の癌細胞の拡大像）

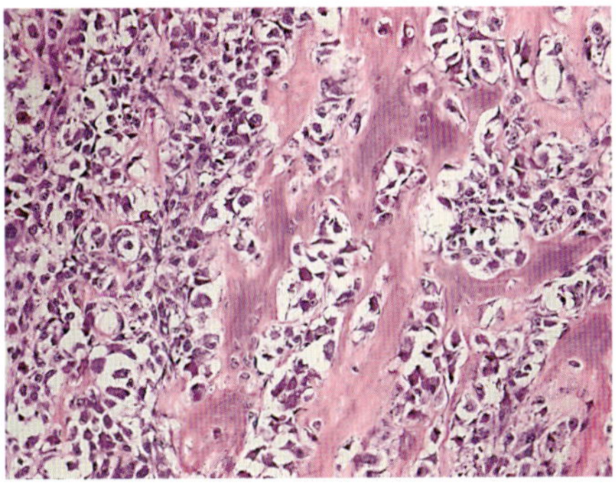

図 8.9　骨肉腫の組織像

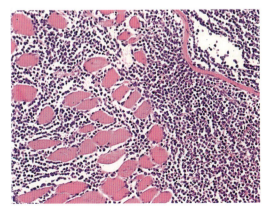

図 8.10　筋肉に浸潤するリンパ腫の組織像

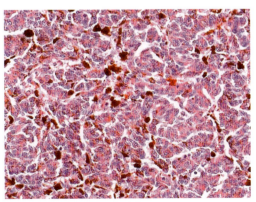

図 8.11　悪性黒色腫の組織像
　　　　メラニン顆粒を有する腫瘍細胞が観察される．

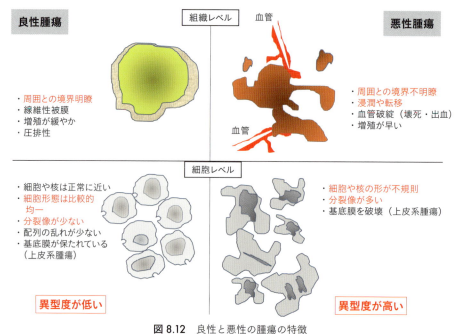

図 8.12　良性と悪性の腫瘍の特徴

維芽細胞や脂肪細胞など）や骨・血管などの非上皮系組織に大別して命名する．良性腫瘍はいずれも「～腫」と表現する．例えば，表皮の重層扁平上皮由来の良性腫瘍は乳頭腫，非上皮系組織では線維腫（図8.5A），脂肪腫（図8.6A），血管腫（図8.7A）などとなる．一方，悪性腫瘍は，上皮系では「～癌」，非上皮系は「～肉腫」と表現する．例えば上皮系では，扁平上皮癌，腺癌，胃癌などで，胃癌には特に悪性度の高い印環細胞癌の発生が知られている（図8.8）．非上皮系では線維肉腫（図8.5B），骨肉腫（図8.9），脂肪肉腫（図8.6B）や血管肉腫（図8.7B）となる．特殊な例としてリンパ腫（図8.10），黒色腫などは「～腫」と付けられているが多くが悪性腫瘍である．そのため「悪性～」を付け，悪性リンパ腫，悪性黒色腫（図8.11）などとよぶことがある．白血病も，悪性であることから，悪性白血病と表現することもある．

なお，ひらがなの「がん」は癌，肉腫，白血病，リンパ腫など悪性腫瘍に対する通称表現として使用される．日本のがん研究の中心的な研究所の名称は「国立がん研究センター」であり，「国

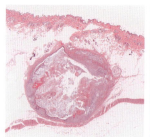

図 8.13　毛包由来の皮内角化上皮腫（周囲組織との境界が明瞭）の組織像

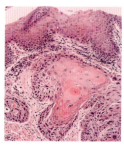

図 8.14　表皮由来の扁平上皮癌（周囲組織に浸潤性に増殖）の組織像

立癌研究センター」ではない．

8.2.3　良性腫瘍と悪性腫瘍の違い（図8.12）

　良性と悪性の腫瘍を鑑別することは治療方針を決定する上で極めて重要である．細胞や核の形態が正常細胞と比べどの程度異常かを「異型度」として判断し，加えて上皮性の腫瘍では正常細胞と比べどの程度異なるのかを「分化度」（高分化・中分化・低分化・未分化）として評価する．

　良性腫瘍は，周囲組織との境界が明瞭で，時に線維性被膜で被われ，増殖は緩やかで圧排性である（図8.12・図8.13）．また，細胞や核の形態は比較的均一で，細胞分裂像はまれであり，細胞の

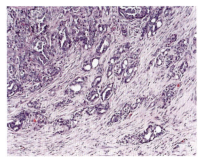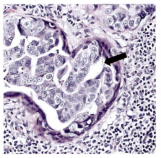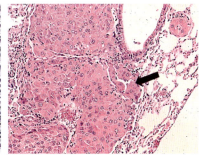

図 8.15　乳腺由来腺癌の周囲組織への浸潤（左）とリンパ節転移（右：矢印）　　図 8.16　肝細胞癌の肺転移（矢印）

配列には乱れが少ない．上皮性の良性腫瘍では，基底膜が保たれていることが大きな特徴である．総じて良性腫瘍は「異型度が低い」と表現する．

悪性腫瘍は，周囲との境界が不明瞭で浸潤性があり（図8.12・図8.14・図8.15），増殖が速く，血管やリンパ管を破壊するように増殖する．そのために，遠隔組織（リンパ節や肺など）に転移しやすい．また，細胞や核の形態が不均一で乱れている．悪性腫瘍は総じて「異型度が高い」と表現する．なお，上皮性悪性腫瘍では，基底膜を破るように周囲組織に浸潤する特徴がある（図8.14）．悪性腫瘍の転移の様式には，リンパ行性（発生した部位に近いリンパ節転移が多い）（図8.15），血行性（静脈を介した肺への転移）（図8.16）があり，また腹腔や胸腔内の癌では体腔内で播種性転移（腫瘍細胞が種をまくようにばらまかれ増殖する状態）を起こす．腹水や胸水が貯留しやすいことから，この状態を癌性腹膜炎，あるいは癌性胸膜炎という．

8.2.4　腫瘍発生の要因
(1) 外因（物理的，化学的，生物学的）

紫外線やX線はDNAを損傷することで発がんの要因となる．また，遺伝子に突然変異を誘発することで発がんの要因となる化学物質を遺伝毒性発がん物質といい，生体内の細胞の遺伝子に直接損傷を及ぼしたり，細胞内の代謝酵素により活性化することで発がん性を示す．

広島・長崎の原爆被爆者は，放射線の曝露により，白血病などの悪性腫瘍の発がんが増加した．中世ヨーロッパの煙突掃除人（仕事上コールタールに触れる機会が多い）には皮膚癌が多かったという．これに基づき，1519年，山際勝三郎と市川厚一はウサギの耳にコールタールを長期間塗布することで扁平上皮癌の誘発に成功している．世界初の人工発がん実験である．なお，コールタールやタバコには発がん物質であるベンツピレンが含まれている．断熱材として使用されていたアスベストにも肺発がん性がある（9.6.4参照）．

また，ワラビのプタキロサイドはウシの膀胱がんを，ナッツ類を汚染するアスペルギルス属由来のカビ毒アフラトキシンB_1は肝臓がんを誘発する．肉や魚の焼け焦げに含まれるヘテロサイクリックアミン，高温処理された炭水化物に含まれるアクリルアミド，食物中の亜硝酸塩とアミン類の反応により生成されるニトロソアミン類には遺伝毒性があるとされる．

生物学的因子としてはウイルスと細菌がある．RNAウイルスであるレトロウイルスには，ヒト成人T細胞白血病ウイルスや，ウシ伝染性リンパ腫ウイルスなどの腫瘍原性を示すタイプがある．DNAウイルスであるパピローマウイルスはヒトや動物（ウマ，ウシ，イヌなど）に乳頭腫を引き起こす．ヒトのパピローマウイルスには，子宮頸癌や咽頭癌を引き起こすタイプが知られている．DNAウイルスであるヘルペスウイルスには，ニワトリのリンパ腫（マレック病）や，ヒトのバーキットリンパ腫を誘発するタイプが知られている．

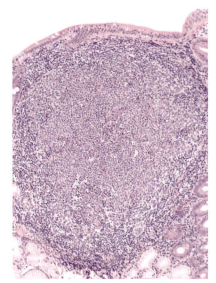

図 8.17 低悪性度 MALT リンパ腫の組織像（リンパろ胞を形成し増殖）

ヘリコバクター・ピロリ（*Helicobacter pylori*）菌は，鞭毛を持ったらせん状のグラム陰性桿菌で，ヒトの胃に棲みつく．この菌は慢性活動性萎縮性胃炎を引き起こし，胃粘膜に胃癌やリンパ球の増殖によるリンパ腫を誘発することがある（図8.17）．このリンパ腫は，B細胞性単クローン性の低悪性度のMALT（粘膜関連リンパ組織型節外性辺縁帯）リンパ腫で，早期に発見しピロリ菌を除菌すれば退縮し消失することが知られている．

(2) 内因（遺伝的発がん素因）（表8.2）

遺伝が関与する腫瘍として，ヒトでは網膜芽細胞腫，家族性腺腫性ポリポーシス，リーフラウメニ症候群などが知られている．原因遺伝子にはがん抑制遺伝子が多い．また，*BRCA1/2*遺伝子ががん化にかかわる遺伝性乳癌卵巣癌症候群も知られている．これらの遺伝子はもともとは損傷したDNAの修復や細胞周期にブレーキをかけるがん抑制遺伝子で，遺伝子異常によりその機能が損なわれることで，乳癌や卵巣癌などの発症リスクが高くなるとされる．

神経線維腫症1型と2型の責任遺伝子である*NF1*と*NF2*は，もともとは神経線維の形成にかかわる機能を有する．これらの遺伝子の変異により，神経線維腫症では神経系組織を中心に腫瘍が多発する．多発性内分泌腫瘍症1型の責任遺伝子である*MEN1*はがん抑制遺伝子として，2型の*RET*はがん原遺伝子として細胞の機能に関与している．多発性内分泌腫瘍症では，これらの遺伝子の変異により，特に内分泌系組織を中心に腫瘍が多発する．

8.2.5 発がんのメカニズム

(1) がん原遺伝子とがん遺伝子

細胞は，細胞外のシグナルを受容体で感知し，細胞内カスケードによってその信号を核に伝え細胞周期を調節している．そのため，信号伝達系（細胞増殖因子，チロシンキナーゼ型受容体，Gタンパク質共役型受容体，カスケード因子（タンパク質キナーゼ）や転写因子など）をコードする遺伝子が変異することで細胞増殖が異常に亢進し，がん化に至る（図8.4）．

*ras*遺伝子はがん原遺伝子として知られる．こ

表 8.2 代表的な遺伝性腫瘍

疾患名	遺伝子異常	発生する代表的な腫瘍
網膜芽細胞腫	*RB1*	網膜芽細胞腫，骨肉腫
家族性腺腫性ポリポーシス	*APC*	大腸癌
リーフラウメニ症候群	*TP53*（p53の遺伝子）	軟部肉腫，骨肉腫，脳腫瘍，白血病
遺伝性乳癌卵巣癌症候群	*BRCA1/2*	乳癌（若年性），卵巣癌
神経線維腫症	*NF1*（1型），*NF2*（2型）	1型：神経線維腫，消化管間質腫瘍 2型：聴神経鞘腫，髄膜腫
多発性内分泌腫瘍症	*MEN1*（1型），*RET*（2型）	1型：上皮小体腺腫，膵島細胞腫，脳下垂体腫瘍 2型：甲状腺髄様癌（C細胞癌），副腎褐色細胞腫

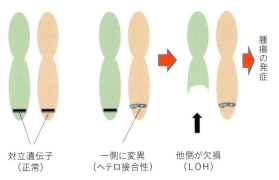

図 8.18 がん抑制遺伝子にみられるヘテロ接合性の消失（LOH）

の遺伝子がコードするRasタンパク質は，細胞増殖因子の信号を細胞内カスケードに伝えるGタンパク質を構成している（図8.4）．変異型rasが生じると，Rasタンパク質が常に活性化することで増殖シグナルが亢進し，がん化につながる．約3割程度の腫瘍で，変異型rasが腫瘍の発症にかかわっているとされる．がん原遺伝子であるmycやmyb遺伝子の遺伝子産物は核内転写因子で，変異型のがん遺伝子になることで細胞の自律性増殖が獲得され，がん化に至る．

(2) がん抑制遺伝子

がん抑制遺伝子に変異が起こると，細胞周期にブレーキが利かなくなり，細胞が増殖一辺倒となってがん化につながる（図8.4）．常染色体顕性遺伝疾患である網膜芽細胞腫の発症にはがん抑制遺伝子であるRb遺伝子がかかわっている（表8.2）．染色体の片方に変異があり，もう一方は正常である対立遺伝子座をヘテロ接合性とよぶが，その対立遺伝子になんらかの原因で喪失（欠損）が生じると，がん抑制遺伝子の機能が消失し発がんに至る．これが「ヘテロ接合性の消失（LOH）」（図8.18）で，他のがん抑制遺伝子の発がんにおいてもみられる．DNAの修復機能を有するTP53遺伝子の遺伝子異常では，修復不備によりいろいろな遺伝子異常が生じることで，細胞増殖の制御ができなくなり発がんに至ることがある．TP53遺伝子の突然変異は半数近い腫瘍で報告されている．TP53遺伝子の片側アレルを欠損させたノックアウトマウスは発がん感受性が高く，遺伝毒性発がん物質の検出実験に使用される．

(3) アポトーシスの抑制

細胞は寿命がくればアポトーシスにより自ら死に至る．bcl-2遺伝子はアポトーシスを抑制する遺伝子であるが，ろ胞性リンパ腫には，染色体の転座によりbcl-2遺伝子が過剰発現となることで細胞が不死化し腫瘍に至る症例が知られている．不死化による腫瘍化は緩徐な増殖が特徴とされる．

(4) エピジェネティクス

塩基配列の異常ではなく，DNAのメチル化と，ヒストンによる修飾機構による形質発現の調整がエピジェネティクスである（4.3.5参照）．悪性の末梢神経鞘腫の形成には，ヒストンH3の27番目のリジン残基のトリメチル化が関与しているとされる．

(5) テロメラーゼの活性化

染色体の末端にはテロメアとよばれる部位があり，細胞の老化にかかわる（4.1.3参照）．テロメラーゼはテロメアを伸長させる酵素で，がん細胞ではテロメラーゼが活性化しているために，増殖し続けることができるとされる．

8.2.6 多段階発がん説

腫瘍の発生は，多段階的に進行すると考えられている（図8.19）．何らかの遺伝子の突然変異により異常細胞が出現する（イニシエーション）．その異常細胞の増殖が亢進することで，腫瘍細胞の小さな塊（前がん病変）ができる（プロモーション）．通常この段階で自然免疫が作動し，NK細胞やマクロファージなどにより異常細胞が攻撃される．また，がん細胞が異物と認識されれば獲得免疫が起動する．しかし，そのような免疫監視機構をすり抜ける異常細胞が出てくることがある．そのような異常細胞は，さらに増殖し加えて悪性の性質を有するようになる（プログレッショ

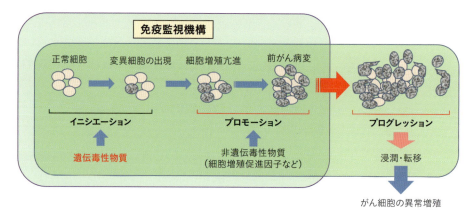

図 8.19　多段階発がん説

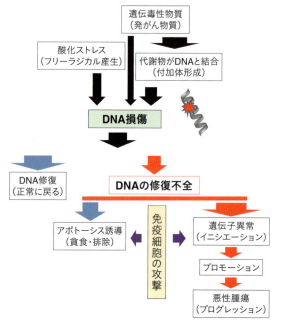

図 8.20　遺伝子損傷による発がんメカニズム

ン)．こうなった腫瘍細胞は周囲組織に浸潤したり，転移するようになる．これが多段階発がん説で，がん遺伝子やがん抑制遺伝子の異常（突然変異）が複雑に関与するとされる．

　DNAに損傷を誘起する遺伝毒性発がん物質は，イニシエーションを誘起する因子（イニシエーター）として働き，DNAへの直接的な損傷や，DNA付加体形成による間接的なDNA損傷などを起こす．加齢に伴い細胞は酸化ストレスを受ける機会が増大するが，その重要な傷害因子であるフリーラジカルもDNA損傷を誘起し，細胞のが

ん化に関与すると考えられている（図8.20）．

8.2.7　がん治療

　標準的ながんの治療法は外科手術による除去，高エネルギー放射線照射による放射線療法，そして抗がん作用のある薬を使う化学療法の三種類で，これを三大治療とよぶ．化学療法薬は，正常細胞にも作用するために吐き気や脱毛，免疫抑制，易感染性などの副作用を伴うことがある．近年は，遺伝子レベルで個々の腫瘍の発がん機序が明らかにされつつあり，発がんに関与する遺伝子を検索する「がんゲノムプロファイリング検査」が行われている．

　たとえばヒトの乳癌や肺癌では，上皮細胞増殖因子（EGF）の受容体の一つであるチロシンキナーゼ型受容体HER2の遺伝子の増幅が認められる症例がある．そのような症例に対してHER2分子を標的とする抗体医薬品（抗HER2モノクローナル抗体薬）を用いることで，癌細胞の増殖を抑えることができる．また，細胞内チロシンキナーゼを特異的に阻害するチロシンキナーゼ阻害薬は，細胞内シグナル伝達を抑制することで抗腫瘍効果を示し，ある種の肺癌，白血病や軟部肉腫などの治療に用いられている．腫瘍に対する免疫監視機構を増強し，殺腫瘍細胞効果を目的に開発されたPD-1モノクローナル抗体薬を用いた免疫チェックポイント療法なども使用されている．

第9章 生態系

生物は1個体，1種のみで生きることはできない．多様な生物の集まり（生物群集）とそれを取り巻く環境（非生物的環境）を一つのまとまりとしてとらえたものが生態系（エコシステム）である．生物は生態系の時空間的な影響を受けその形質が変化するとされる（生物進化）．

9.1 生態系の構成

生態系は，「生物群集＋非生物的環境」で構成される（図9.1）．生物群集と非生物的環境とは相互に影響を与えている．非生物的環境が生物群集に与える影響を作用といい，生物群集により非生物学的環境に影響が生じることを環境形成作用という．

9.1.1 非生物的環境

光（日照・光線），温度（気温），大気（風や湿度），水（降水量）などの気候要因や，粒度，無機塩類，pHや通気性などの土壌要因，さらには山地や平野などの地形的要因が含まれる．

9.1.2 生物群集

生物群集は，ある空間に生息している全ての生き物の総称である．単に「生物」とも表現する．生物はその相互のかかわりにより生産者，消費者，分解者に分けることができる（図9.1）．

(1) 生産者

緑色植物や藻類など，光合成により無機物から有機物を生産できる生物．光合成生物は体外から有機物を取り込まずに生活でき，このような生物を独立栄養生物という（図9.2）．

(2) 消費者

生産者が作った有機物を直接または間接に取り込んで栄養源として生活する生物．生産者が独立栄養生物であるのに対し，消費者を従属栄養生物という（図9.2）．

植物を消費する（食べる）ものを一次消費者，一次消費者を食べるものを二次消費者とよぶ．さ

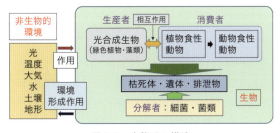

図9.1　生態系の構造

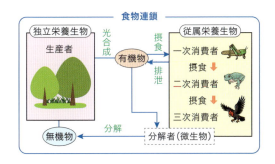

図9.2　食物連鎖と生産ピラミッド

らに三次，四次消費者など，より高次の消費者がいる場合もある（図9.2）．

一般に，植物を主食とする動物を草食動物（ウマ，ウシやヒツジなど），肉を主食とする動物を肉食動物（ライオン，トラやヒョウなど），双方を主食とする動物を雑食動物（ヒト，ブタなど）とよぶ．

(3) 分 解 者

動物の遺体や排泄物，植物の枯死体などを分解して無機物に変える生物．ほとんどは微生物（細菌や菌類など）で，分解された無機物は生産者が再び利用できるようになる．

9.1.3 食物連鎖と食物網

消費者はすべて，植物か動物を食べなければ生きて行けない．食うほうの生物を捕食者，食われる方の生物を被捕食者とよぶ．生産者からはじまり，一次，二次，三次……消費者にいたる関係を食物連鎖とよぶ（図9.2）．捕食者と被捕食者の関係は一対一でなく，複雑で網目のように関連している．これを食物網という（図9.3）．

9.1.4 栄 養 段 階

食物連鎖の各段階を栄養段階という．すなわち生産者が第一次栄養段階，一次消費者が第二次栄養段階になり，高次の消費者になるにつれ栄養段階が上がる．

各栄養段階の食うものと食われるものの量（個体数・生物量・生産量）を上位に向けて積み上げると，通常は栄養段階が上になるほど少なくなる．これを「生態ピラミッド」という（図9.2）．例外もあるが，一般的に高次の消費者のほうが体の大きさは大きく，個体数は少ない．このような関係をそれぞれ生物量ピラミッド，個体数ピラミッドとよぶ．

9.1.5 キーストーン種

ある範囲の生態系において，食物網の上位にあり，他の生物群集の生活に大きな影響を与える生物種をキーストーン種という．キーストーン種が消失すると生態系に変容がおこる．

海岸の岩場でヒトデの個体を除去し続けると，結果としてイガイが岩場を占拠し，それ以外の岩場の生物がほとんどいなくなったという野外実験がある．この生態系においては，イガイを食べるヒトデがキーストーン種となる．

9.1.6 絶滅危惧種

絶滅危惧種とは，近い将来絶滅のおそれのある種である．日本には9万種以上の生き物が生息しているが，そのうちの3772種（2020年度）が絶滅危惧種とされている．すでに生息が確認できない生物種を絶滅種とよび，日本ではニホンオオカミやニホンカワウソなどがいる．また，数が少なく，まれにしか見ることが出来ない生物種を希少種とよぶ．

国際自然保護連合は，絶滅のおそれのある野生生物のリストを「レッドリスト」として作成して

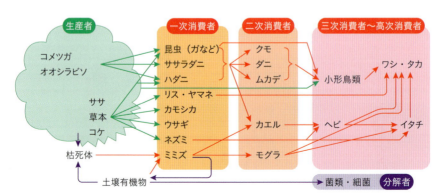

図 9.3 森林の食物網の例
（文英堂編集部編『高校これでわかる生物基礎』文英堂，2012より作図）

いる.

9.2 植　　生

　ある生態系に生息する植物の全体をまとめて植生といい，植生全体をながめた時の外観を相観という．生態系のなかで植生は有機物を生産する生産者に相当し，非生物的環境要因の影響を受ける.

9.2.1　植生の分類

　植生は相観に基づいて森林・草原・荒原に大きく分けることができる．植生において，地表を広くおおう主要な植物種を優占種という．優占種は，背丈が高く，量が多く，葉をたくさんつける特徴があり，その生態系において生産量が最も大きい植物ともいえる．優占種の樹種により植生を例えば，ブナ林，マツ林，カシ林などとよぶことがある.

(1) 森　　林

　樹木が相観を作る植生が森林である．比較的降水量の多い地域でみられる．森林には植物の高さによる階層構造があり，高い層から高木層，亜高木層，低木層，草本層，地表層（コケ層），地中層（根系層）となる.

　森林の最上部の葉が茂っている部分を林冠，地表に近いところを林床とよぶ．また，強い日なたで生育は早いが林床では育たない樹木を陽樹，芽生えや幼木の時期に弱い光で木陰でも生育できる樹木を陰樹とよぶ.

　森林には多彩な動物が住んでいる．鳥類は高木層や亜高木層で営巣活動をし，ほ乳類は高木層から地表層など幅広く，木の実をみつけるなど自分たちが生活しやすい階層で活動している．土壌層には土壌動物が生息している.

　また，森林は，熱帯多雨林，亜熱帯多雨林，雨緑樹林，照葉樹林，夏緑樹林，硬葉樹林，そして針葉樹林に分けられる.

(2) 草　　原

　草本植物が相観をつくる植生を草原という．降水量が少なく，気温が低く樹木は育ちにくい．湿地の草原は湿原といわれる.

　草原は草本層と地表層が主体で，イネ科の植物が多く階層構造は単純である．森林に比べ生産量も低く，生息する生物種も少ない．温帯の内陸部ではステップと，熱帯や亜熱帯ではサバンナとよばれる．ロシア南部の黒土地帯，北米中央部のプレーリーやアルゼンチンのパンパスなどがステップ，アフリカ中部やブラジルのカンポなどがサバンナの代表例である.

　日本では，火山のすそ野にある山地草原，高山の寒冷地にある高山草原，背丈の高い草本植物からなる亜高山帯の大型多年生草原，雨量が多く低温の山地にある高層湿原や，低地の沼のほとりにある低層湿原などが知られる.

(3) 荒　　原

　荒原は，植物の生育に適さない場所で，砂漠とツンドラがある．砂漠は，降水量が極端に少ない乾燥地域で，ツンドラは極端に気温が低く地下に永久凍土が広がる降水量の少ない地域である．荒原には特定の植物がまばらにしか生えない．砂漠には多肉植物のサボテン科が，ツンドラでは永久凍土の地表に地衣類やミズゴケ類がみられる程度である.

9.2.2　植生の遷移

　ある植生の構成種が，長い年月をかけて一定の方向に変わって行く現象を遷移という．一次遷移と二次遷移があり，遷移が進むところまで進み安定した植生を極相（クライマックス）という.

　一次遷移は，噴火でできた溶岩台地や，海から隆起した島など，土壌のない裸地から始まる遷移のことで，陸地で始まる乾性遷移と，湖沼で始まる湿性遷移がある．二次遷移は，山火事や大規模な森林伐採など，土壌はあっても植生が初期化された状態からはじまる遷移である.

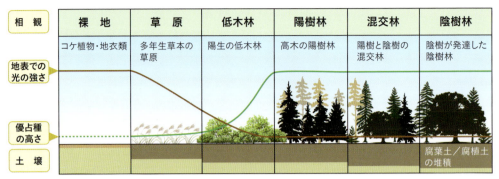

図 9.4 植生の遷移

(1) 乾性遷移

乾性遷移は，裸地（植物も生えない母岩）⇒荒原（風化しはじめた母岩に地衣類やコケ類が生える）⇒草原（土壌の形成が進み，草本植物が生える）⇒低木林（強い光や乾燥に強い陽樹が生える）⇒陽樹林（陽樹林が形成されるとともに，林床では陰樹が生え始める）⇒混合林（陽樹に代わり陰樹が林冠を形成するようになる）⇒陰樹林（陰樹は林床でも幼木が育つので安定して生育が続く）と移行する（図9.4）．陰樹林においてシイ類やカシ類などが相観になると大きな変化がなく安定し，極相となる．

(2) 湿性遷移

貧栄養湖⇒富栄養湖（植物の枯死体や動物の遺体からの有機物が流入し，水生植物が増え始める）⇒湿原（ヨシやガマなど水辺に生息する植物が茂り，それらの枯死体と泥が溜まり始め，陸地化が進む）⇒草原（陸地化が進んで草原となる）⇒その後は乾性遷移でみる陽樹林⇒陰樹林（極相）と進む．

(3) 二次遷移

一次遷移では，植物の種子は風や動物により運ばれてくるが，二次遷移では土壌にすでに埋もれている種子や根・地下茎などから芽が出ることからスタートする．そのために植生はより短い時間で回復する．例えば伐採跡地では，土壌にはもとあった種子が含まれているために，伐採跡地⇒草原⇒陽樹林⇒陰樹林（極相）となる．なお，草原の段階がないこともある．

9.2.3 ギャップ

森林において，何らかの理由で樹木が消失し，地表面まで日照が届くようになった場所をギャップ（隙間）という．噴火，山火事，地滑り，洪水，人為的な伐採や草刈りなどによって大小さまざまなギャップが生まれる．このようなギャップは，生態系の多様性を維持するかく乱因子としてはたらく．

地表に光が差し込むと，その地点では昼夜の日較差（1日の最高と最低気温の差）が大きくなり，また雨にもさらされる．そのため林床では発芽できなかった種類の種子が発芽し，植生の遷移が生じる．小さなギャップが次々と起きれば，遷移によりさまざまな樹種がモザイク状に入り乱れることになり，植生の多様性が生まれる．

9.3 バイオーム

ある地域の植生とそこに生息する動物などを含めたすべての生物のまとまりをバイオーム（生物群系）という．

バイオームは，気候要因，特に植生に影響を与える気温と降水量の影響を強く受けるため，主として植生の種類によって図9.5のように分類される．

9.3.1 バイオームの特徴

熱帯多雨林は，年間を通じ温暖で降水量が多い熱帯に分布している．高木の常緑広葉樹が生い茂

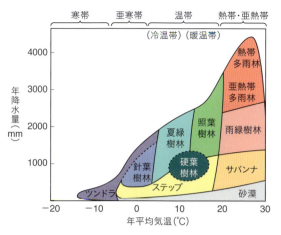

図 9.5 気温・降水量とバイオームの関係
(鈴木孝仁ほか『チャート式新生物 生物基礎・生物』数研出版, 2013 を元に作図)

図 9.6 インドネシアの亜熱帯多雨林

り,樹木の種類が多く,着生植物(樹木や岩肌に根を付ける植物)やつる植物なども認められる,複雑な階層構造をもつ.昆虫をはじめとした動物も数多く生息している.

亜熱帯多雨林は,多雨の亜熱帯に分布し,東南アジアに多い.熱帯多雨林に比べると高木層の発達は劣るが,常緑広葉樹が優占種となっている(図9.6).汽水域ではマングローブ林となる.

雨緑樹林は,熱帯や亜熱帯のうち雨季と乾季の降水量の変動が大きい地域で発達している.落葉広葉樹が優占種となる.

照葉樹林(常緑広葉樹林)は,暖温帯に分布しており,シイやカシなど硬くて光沢のある葉(照葉)をつける常緑広葉樹が優占種となる.

夏緑樹林は,冷温帯に分布し,冬季に落葉する広葉樹が優占種となる.

硬葉樹林は,夏乾燥し冬は温暖な地中海沿岸地域などに分布し,オリーブやコルクガシなど硬くて小さめの葉をつける常緑広葉樹が優占種となる.

針葉樹林は,亜寒帯や亜高山帯に分布し,常緑針葉樹や落葉針葉樹などが優占種となる.

草原には,少雨の熱帯・亜熱帯にみられるサバンナと,少雨の温帯地域にみられるステップがある.

荒原には,極端に乾燥した熱帯から温帯に分布する砂漠と,極端に低温で寒帯に分布するツンドラがある.

9.3.2 日本のバイオーム

降水量が多い日本列島は森林のバイオームが主体であるが,南北の気温の違いによる水平分布と,標高の高低の温度差による垂直分布が多様である.

(1) 水平分布

気温は緯度によって決まることから,南北に長い日本列島では,南から北にかけて,亜熱帯多雨林(ビロウ,アコウなど),照葉樹林(カシ類,シイ類など),夏緑樹林(ミズナラ,ブナ,カエデ類など),針葉樹林(エゾマツ,トドマツなど)が分布している.

(2) 垂直分布

同じ緯度でも標高が高いと気温が下がる.日本では,標高が1000m高くなるごとに5〜6℃低下する.標高の低いところから,丘陵帯(ツバキ,カシ類,シイ類などの照葉樹林),山地帯(ブナ,ミズナラなどの夏緑樹林),亜高山帯(シラビソ,コメツガなどの針葉樹林とタケカンバなどの落葉広葉樹が混在),高山帯(高山草原(お花畑)やハイマツなどの低木林が散在)が階層性に分布する.なお,亜高山帯と高山帯の間に,樹木が生育できる限界の標高がある.これを森林限界という(図9.7).

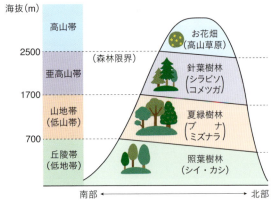

図 9.7　日本（中部地方）のバイオームの垂直分布
（鈴木孝仁ほか『チャート式新生物　生物基礎・生物』数研出版，2013 を元に作図）

(3) 日本のマングローブ林

琉球列島や小笠原諸島では，河口の汽水域にマングローブ林が分布している．マングローブ林とは，ヒルギ類からなる耐塩性の常緑の樹種の総称である．エビやカニ，魚類など多様な生物の繁殖の場になっており，サンゴ礁と並んで生態学の重要な研究対象となっている．

9.4　生物多様性

世界の既知の生物の総種数は約175万種で，このうち，ほ乳類はヒトを含め約6,000種，鳥類は約9,000種，昆虫は約95万種，維管束植物は約27万種とされる．まだ知られていない生物も含めた地球上の総種数は大体500万〜3,000万種とみなされている．地球上にはこのようにさまざまな生物群集を含む生態系が存在し，私たちはこのような多種多様な生物に支えられ生活している．

9.4.1　遺伝的多様性

一つの種の中にもさまざまな遺伝子多型が存在し，形質や行動に現れるものもあれば，現れないものもある．これらを遺伝的多様性という．身近なところではヒトのアルコール感受性やアレルギー体質なども遺伝的多様性の一種である．遺伝的多様性が大きいほど，生息環境が変動しても，それに適応できる個体が存続する可能性が高くな

ると考えられている．19世紀チャールズ・ダーウィンが提唱した「自然選択説」に通じる．

9.4.2　種多様性

生態系には，動物，植物，微生物など多様な生物種が存在している．これが種の多様性である．特定の種に偏ることなく，食物網が維持されるような多様な種がバランスよく生息することが生態系の維持に重要であるとされる．生物の「分類階級」は，種，属，科，目，綱，門，界に分類されている．

9.4.3　生態系多様性

生物は自分の生活しやすい環境に適応することで生息している．植生・標高・土壌状態などの環境が違えば，そこに生息する生物種も異なる．ある地域がどれだけの異なる環境を擁するか，ということが生態系多様性である．生態系多様性が高いほど，その地域の遺伝的あるいは種多様性も高くなり，総合的に豊かなバイオームを構築することになる．

9.4.4　生態系サービス

ヒトが生態系から受ける利益・恩恵を生態系サービスとよぶ．水，酸素，食料など生命活動に必要なものや，木材，燃料，医薬品原料など生活上重要なものなどの供給サービス，温度や湿度などの気候調整や洪水・山火事などに対する防災としての調整サービス，レジャー活動や自然から学ぶ・研究対象とするなどの文化的／学術的サービスなどがある．実に多くの恩恵を，私たちは生態系から受けている．

9.4.5　生態系のバランスと復元力（レジリエンス）

生態系を構成する生物群集の個体数や種数，そして非生物的環境は絶えず変動している．変動の幅が大きくなければ，生態系はもとの状態に復することができる．また，ギャップのような植生のかく乱が生じても，周囲の植生から飛来したり，動物により持ち込まれたり，あるいは土壌中の種

子や根から芽が生じることで，遷移が生じ，元の相観にもどる．このように生態系には復元力（レジリエンス）がある．

9.5 人間活動と生態系

人類は森林の伐採，海や干潟の埋め立て，人工的な環境である都市の形成など，人類の利益にもとづく特殊な生態系を構築してきた．人類の活動により，生態系にはさまざまな影響がでている．

9.5.1 人類と生態系の歴史

一万年ほど前，作物の栽培と家畜の飼養により食料を生産する農耕・牧畜が始まった．18世紀までは世界の人口は5億人程度であり，この程度の農牧は生態系の一部として機能していた．18世紀半ばからイギリスで起こった産業革命により工業が発展し始めると人口は増加し，20世紀では急速な経済の発展に伴い人口増加が加速した．2023年には世界の人口は80億人を超えた．

9.5.2 農業と生態系

農業においては効率の良い生産性を求め，より広大な土地に，特定の作物のみを栽培する単一栽培が進んできた．このような地域では生態系が単純化される．東南アジアではアブラヤシなどのプランテーションが拡大し，熱帯雨林をはじめとする豊かな生物群種の生息域が減少しつつある．巨大消費地を背後に抱える近郊農業では，大量生産を目的に広大な農地に無機塩類を含んだ化学肥料が使用され，それが河川や湖沼に流れ出ることで富栄養化を導き水質汚濁の原因となる．また，かつて大量に使用された除草剤や殺虫剤などには，土壌や湖沼に残留し環境汚染の一因となったものがある．

9.5.3 熱帯林（熱帯多雨林や亜熱帯多雨林）の消失

熱帯林は多くの生物群種が生息し，盛んな光合成が行われる，地球上で最も豊かな生態系のひとつである．近年の大規模な農地開発や過放牧，汽水域での養殖場の拡大などに伴う熱帯林の消失は，土壌の流出による洪水や土砂崩れを引き起こし，貴重な野生生物の遺伝資源が失われつつある．また，熱帯林の消失は，大気や気候の変動による地球温暖化にもつながるとされる．

9.5.4 砂漠化・都市化

かつて遊牧民が牧畜を行っていた大陸内部の草原では生産性向上のための過放牧による砂漠化が，そして各国／各地域では経済発展や行政の集中による都市化が進んでいる．砂漠化でも都市化でも生息する野生生物の多様性が減じ，生態系は単純化する．また，都市では膨大な量のごみ，排気ガスや汚水が排出される．このような廃棄物は，その処理過程が不十分だと大気汚染・水質汚濁・地球温暖化につながる．

また近年，プラスチック製材が廃棄されることで，粒子状のマイクロプラスチックとなり，海洋中に流れ出したり，時には大気中にも拡散するなどの環境汚染が問題となっている．マイクロプラスチックには有害物質が吸着しやすいとされ，またプラスチックは誤飲されると消化されず胃や腸に詰まる．プラスチック・マイクロプラスチック汚染は，魚，水鳥や海棲ほ乳類，そしてヒトを含めたさまざまな動物の健康に悪影響を与える可能性が懸念されている．

9.5.5 外来生物

元来の生態系には含まれない生物が外来生物（外来種）である．食物連鎖や食物網を乱し，在来生物を絶滅させたり，農作物に被害を与えるなど，生態系保全の観点から問題となっている．

外来生物の中でも地域の自然環境に大きな影響を与え，生物多様性を脅かすおそれのあるものを侵略的外来生物といい，ヒトの生命・身体，農林水産業等に被害を与えるものとして国が法律に基づき指定した生物を特定外来種という．

ハブを退治する目的で導入されたマングースや，釣りのために放たれたブラックバスやブルー

ギルなどは人為的に持ち込まれた外来生物，輸入したダイズやトウモロコシに混ざってきたオオブタクサやアレチウリなどは非意図的な外来生物といえる．

9.5.6　地球温暖化

二酸化炭素，メタン，フロンなどの気体は温室効果にかかわることから温室効果ガスとよばれる．太陽光によって温められた地表面の熱は赤外線の形で放射されるが，温室効果ガスはこれを吸収し再び地表に放射する．これが温室効果である．化石燃料の燃焼，森林の伐採，砂漠化や都市化など人間の活動が温室効果の原因とされる．世界の年平均気温は20世紀の100年間で0.7℃上昇し，2100年までに平均気温が2〜4.5℃上昇すると予測されている．

地球温暖化により，海水面の膨張による低地の島や都市などの水没，豪雨や干ばつなどの異常気象の頻発，さらには温帯地域での熱帯性伝染病の流行地域の拡大や，生物群種の乱れなども懸念されている．

9.5.7　大　気　汚　染

生物にとって有害となる物質が大気中に増えることを大気汚染という．

大気汚染物質には，工業や火力発電所からの排煙，自動車からの排気ガス，日々の暮らしにおける暖房器具からの排煙などがある．大気に排出されたこのような物質が光化学反応を受けると酸化力の強いオキシダントに変化したり，硫酸ミストが生成される．これらは光化学スモッグの原因となり，また窒素酸化物や硫酸酸化物が雨に溶け込んで酸性雨をもたらすことがある．酸性雨は湖沼を酸性化して水生生物を死滅させたり，土壌を酸性化して森林や農作物を枯らしたりする．スプレーなどに使われていたフロンは地球を覆っているオゾン層を破壊する．その結果，有害な波長の紫外線が地表まで到達し，皮膚癌や白内障の発生，農作物の生育を阻害することにつながる．

9.5.8　水質汚濁と土壌汚染

農業・工業排水，し尿や生活廃水が河川，湖沼や海洋などに流れ込むと水質汚濁が生じる．ある程度であれば微生物により分解される（自浄作用）が，限度を超えると窒素（N），リン（P），カリ（K）などの栄養塩類が増加することで富栄養化が生じる．富栄養化によりアオコ，赤潮などとよばれる植物プランクトンの大量発生が生じる．このような大量のプランクトンが死滅・分解する過程で大量の酸素が消費されるために低酸素化が導かれ，魚など水生生物の大量死につながる危険がある．

土壌中では，微生物や小動物（ミミズなど）の分解者が生態系を作っている．化学肥料の多用により，土壌中の分解者が生息できなくなる．また，保水性や通気性も減じることから，植物の生育にも影響がでる．殺虫剤や除草剤なども，限度を超えて用いると，昆虫や小動物の減少を招く．また，土壌を汚染する廃棄物の中でも，ダイオキシンやポリ塩素化ビフェニル（PCB）などは人体に取り込まれると発がんの危険がある．

9.5.9　生態系保全の取り組み

1992年リオ・デ・ジャネイロでの国連環境開発会議（リオ地球サミット）にて，持続可能な開発の指針が宣言された．これが「環境と開発に関するリオ宣言」で，生物多様性条約，気候変動枠組条約，森林原則声明などが採択された．2015年の「パリ協定」では，先進国だけでなく途上国を含めたすべての参加国が温室効果ガスの削減に努めるとしている．二酸化炭素などの温室効果ガスの削減を目指し「カーボンニュートラル」や「脱炭素化」を掲げた社会的な取り組みが進み始めている．

2015年には，SDGs（Sustainable Development Goals）が国連総会で採択され，「誰1人取り残さない」という理念のもと，持続可能でよりよい世界を目指す17のゴールが示された．そこには，

9.6 生態系にかかわる病（環境汚染物質，公害病）

「気候変動に具体的な対策を」「海の豊かさを守ろう」「陸の豊かさを守ろう」「エネルギーをみんなにそしてクリーンに」など生態系の保全につながる目標が含まれている.

日本では，このような国際的な取り組みに則り，大規模な開発を行う際には事前に「その環境に対する影響を予測・評価する環境評価（環境アセスメント）」の作成が求められている. これは，環境保全の観点からよりよい事業計画を作り上げて行く制度である. さらに，「自然再生推進法」（2003年）や「生物多様性地域連携促進法」（2011年）等が整備され，「里山の保全」や「湿地の保全」が地域の人々の取り組みとして進んでいる. また，2024年には「生物多様性増進活動促進法」が可決されている.

9.6 生態系にかかわる病（環境汚染物質，公害病）

9.6.1 重金属中毒

重金属中毒は20世紀，工業排水などによる環境汚染の結果として生じた. 日本においては，メチル水銀中毒やカドミウム中毒などの公害病が代表例である.

（1）メチル水銀中毒

1950年代，熊本県のチッソ水俣工場では，アセトアルデヒドの製造過程で無機水銀を触媒として使用しており，副産物であるメチル水銀を海に排水していた. 海に流れたメチル水銀は食物連鎖により魚介類に蓄積され，汚染された魚介類を摂取したネコやヒトに中毒症状が現れた. これが水俣病で，また新潟県阿賀野川河口付近でも同様の公害病が発生した（新潟水俣病，第二水俣病）.

メチル水銀には神経毒性と胎児毒性がある. 成人では四肢末端や口の周りのしびれにはじまり，知覚異常，運動障害や言語障害へと進展する. 大脳や小脳の神経細胞が壊死し，長期暴露されると大脳が萎縮する. また，胎盤を通過し胎児に伝わり，誕生した子供には中枢神経障害が誘発される. さらに，尿細管壊死による腎障害も生じる.

（2）カドミウム中毒

電気メッキ，電池，塗料などに使われるカドミウムは，亜鉛や鉛の採掘や精錬時の副産物として排出される. 1950〜1960年代，富山県の神通川流域では，神岡鉱山（岐阜県飛騨市）から排出されたカドミウムが神通川の流域を汚染し，汚染された水で実った米などを摂取することでカドミウム中毒が生じた.

カドミウムを取り込むと尿細管壊死から腎障害が誘発される. 長期間の曝露では，腎組織に線維化が生じ，慢性的に腎機能が低下することで，カルシウム代謝が異常となる. 特に，尿中へのカルシウム排泄が増加することで低カルシウム血症となる. 分泌亢進したパラソルモン（6.6.3参照）の影響により骨からのカルシウムの溶出が促され，骨や関節が脆くなる. 身体のあちこちに痛みが走ることから「イタイイタイ病」と名付けられた.

（3）鉛 中 毒

狩猟に使われる鉛ライフル弾や鉛散弾のために，被弾した動物の肉片を食べた猛禽類，飛び散った鉛散弾を誤飲した水鳥などに鉛中毒が発生している. また，鉛を含むペンキで塗装された柵を舐めることでウシなどの動物にも鉛中毒が発生した事例がある.

鉛は赤血球に取り込まれ，赤血球膜のナトリウムポンプを阻害することで溶血性貧血を誘発する. 幼若個体では脳の血管から血漿が漏出することで重篤な脳浮腫を引き起こす（鉛脳症）. 末梢神経，特に運動神経のシュワン細胞を変性させることで節性脱髄も引き起こす. さらには，腎尿細管において鉛がタンパク質複合体を形成することで核内に好酸性封入体を形成し，尿細管が損傷して慢性的な腎障害が生じる（図9.8）.

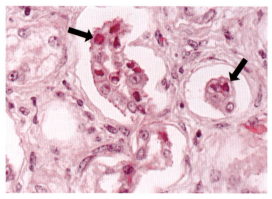

図9.8 鉛中毒の腎病変の組織像：尿細管の核内に封入体がある（矢印），また尿細管が剥離している．

9.6.2 DDT
（ジクロロジフェニルトリクロロエタン）

　有機塩素系殺虫剤であるDDTは，脂溶性で，生体内で代謝を受けにくい．そのために，動物の脂肪組織に長期間蓄積することで毒性を示すようになる．肝臓や生殖器に毒性病変が発現する．

　DDTは，ヒトに対する毒性が比較的低いとされ，大量に生産でき安価であることから，特に第二次世界大戦後，カ，ハエ，シラミ，ノミ，ダニなど感染症を媒介する害虫の駆除に広く使用され，特に発疹チフス（シラミが媒介するリケッチア）やマラリア（カが媒介する原虫）の予防に効果を発揮した．しかし，北米での空中散布をきっかけとして，五大湖に生息する野鳥の奇形，卵殻の菲薄化や繁殖異常などが生じているとの報告がではじめた．ラットを用いた実験では，長期間の投与で，肝細胞壊死や肝細胞腫瘍，精巣の萎縮が観察された．

　DDTと同じ有機塩素系のBHC（ベンゼンヘキサクロリド）（あるいはHCH（ヘキサクロロシクロヘキサン）ともよばれる）も，水稲の害虫に効果があったことから世界中で使用されたが，DDTと同じ毒性があることが示されている．これらの有機塩素系の殺虫剤は，高次消費者では生物濃縮により高濃度になる．日本では1971年どちらの農薬も登録が失効した．

　化学物質の使用に関しては，生態系に対するリスクの可能性への十分な配慮が求められる．現在，農薬の開発においては，通常の毒性試験に加え，魚／ミツバチ／カイコ／ミジンコ／カエル（オタマジャクシ）等を用いた水産・有用生物影響試験も課せられている．また，土壌中や産業動物に摂取された際の残留性の評価も行われている．農薬は，ヒトへの健康影響評価として「1日許容摂取量（ADI）」が設定されている（10.1.4参照）．

9.6.3　内分泌かく乱物質

　内分泌かく乱物質は一般に「環境ホルモン」ともよばれ，生体の発育や生殖に関するホルモンの作用を阻害する物質である．現在はダイオキシン類やDDTを含め70種類以上の化学物質が疑われている．

　有機スズは，代表的な内分泌かく乱物質として知られている．トリブチルスズ化合物は，フジツボや海藻の付着を防ぐ目的で船底や漁網の塗料に

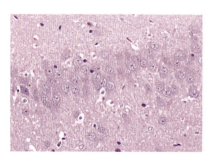 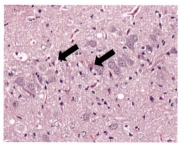

図9.9　塩化トリメチルスズによる神経細胞の壊死（矢印）：左は正常な神経細胞
(Ogata K, et al., Toxicol Pathol., 2015, 198-208)

加えられていた．しかし，食物連鎖により生物濃縮され，貝のオス化などの内分泌かく乱作用が指摘されている．また，塩化トリメチルスズは脳浮腫や神経細胞の壊死を誘発するという実験結果がある（図9.9）．

9.6.4　その他の環境汚染物質

（1）ダイオキシン類

ダイオキシン類にはいくつかの種類が知られているが，その多くが焼却場での廃棄物の燃焼時に発生する．最も毒性が強いものは2,3,7,8四塩化ジベンゾ-パラ-ジオキシン（TCDD）で，動物実験で，催奇形性や発がん性など重度の毒性が認められている．ポリ塩化ビフェニル（PCB）は，耐火耐熱性があることから電気のコンデンサなどに使用されていたが，環境中での残留性が高く，動物の脂肪組織に蓄積するリスクがあり，動物実験では肝腫瘍や皮膚病変（角化亢進や皮脂腺腫大など）が誘発された．日本では1968年に福岡県で，PCBが混入した米ぬか油を摂取したことによる皮膚病変が生じるなどの健康被害の事件（カネミ油症事件）が発生した．

（2）臭化化合物

ポリ臭化ビフェニル（PBB）は防炎剤として使用されている．脂溶性が高く，生物濃縮されやすい．ラットへの投与実験で，肝細胞や腎尿細管の変性や，催奇形性が示されている．アメリカでは飼料に誤って混入されたことで大量のニワトリが死亡する事件が起きている．

（3）アスベスト

アスベストは線維状のケイ酸鉱物で，断熱性があり不燃性であることから建築材料として広く用いられていた．いくつかの種類があり，代表的なものにはクリソタイル（白石綿），クロシドライト（青石綿），アモサイト（茶石綿）がある．有害性はクロシドライトが強いとされる．

アスベストは，線維の長さが2μmの場合には肺線維症を，5μmでは悪性中皮腫を，10μmでは肺癌を誘発しやすいことが報告されている．アスベストの線維が肺の細胞を傷害し，それに対する炎症細胞（肺胞マクロファージなどの反応）から産生される活性酸素の作用が毒性発現にかかわるとされる．

（4）PM2.5とタバコ

PM2.5とは，大気中に浮遊する大きさ2.5μm以下の非常に小さな粒子のことである．化石燃料の焼却時の煤煙やタバコの煙，中国西部から飛来する黄砂（黄砂のうち粒径の小さなもの）などがある．非常に小さな粒子であるため肺の奥深くまで入り込みやすく，呼吸器や循環器の疾患を引き起こす可能性が指摘されている．

タバコの煙には，発がん作用のある多環式芳香族炭化水素（ベンゾ[a]ピレンなど）やニトロソアミンなどが含まれている．喫煙は，肺癌などの呼吸器系以外にも循環器系の疾患とのかかわりが指摘されている．

9.7　新興・再興感染症

人類の歴史は感染症との戦いといっても過言でない．ペスト（黒死病），天然痘，スペインかぜ，最近では新型コロナウイルス感染症などの世界的大流行（パンデミック）がある．人類は感染症に対抗すべく，予防や治療の目的でワクチンや抗生物質を開発してきた．感染症の世界的大流行は1940年代後半より減少してきたとされるが，1980年代後半になり，エボラ出血熱やエイズ（AIDS：後天性免疫不全症候群）などそれまで人類が遭遇したことのなかった感染症（新興感染症）が出現し，またマラリアや結核など，一度克服されたと思われた感染症が再流行する事態（再興感染症）も生じた．

新興感染症には動物からヒト，ヒトから動物に感染する人獣共通感染症が多く，野生動物，家畜，ペットなどさまざまな動物と人間とのかかわり方などに対する意識を深める必要がある（表

表 9.1 新興感染症と考えられている感染症の一覧

- 鳥インフルエンザ（ウイルス）
- 新型インフルエンザ（ウイルス）
- 新型コロナウイルス感染症（ウイルス）
- SARS（重症急性呼吸器症候群）（ウイルス）
- ウエストナイル熱（ウイルス）
- エボラ出血熱（ウイルス）
- クリミア・コンゴ出血熱（ウイルス）
- 後天性免疫不全症候群（エイズ）（ウイルス）
- 重症熱性血小板減少症候群（SFTS）（ウイルス）
- ニパウイルス感染症（ウイルス）
- マールブルグ病（ウイルス）
- ラッサ熱（ウイルス）
- 腸管出血性大腸菌感染症（細菌）
- バンコマイシン耐性黄色ブドウ球菌（VRSA）感染症（細菌）
- 日本紅斑熱（リケッチア）
- クリプトスポリジウム症（原虫）

表 9.2 再興感染症と考えられている感染の一覧

- デング熱（ウイルス）
- 狂犬病（ウイルス）
- 黄熱病（ウイルス）
- 結核（細菌）
- コレラ（細菌）
- ペスト（細菌）
- 炭疽（細菌）
- 百日咳（細菌）
- マラリア（原虫）

9.1）．どのような感染症がいつ発生してもそれに対応できる国際的な体制作りや，予防・治療法の新たな手段を研究し，開発しておく必要がある．再興感染症では，日本では1997年頃から結核の発症例が増えている．また，デング熱やマラリアは地球温暖化により温帯地域での感染拡大が懸念されている（表9.2）．新興・再興感染症に対しては，社会での啓発活動や個々人の日ごろの衛生管理が重要となる．身近なところでは，伴侶動物であるイヌやネコの感染症や病気について理解を深めることも重要である．特に，狂犬病はほ乳類全てに感染する感染症（罹患したイヌに咬まれることによる感染が多い）で，発症すればほぼ100％死亡する．現在，日本での発生はないが，中国や東南アジアなど周辺諸国での発症があり，世界では毎年多くの方が亡くなっている．狂犬病のまん延防止のためイヌには狂犬病予防法によりワクチン接種が義務付けられている．

　新興・再興感染症が勃発する要因には，病原体の遺伝的変異もあるが，人類の活動による地球規模の環境変容の影響もかなり大きい．温暖化による気候変動，人口の爆発的な増加，国際化による人口動向や物流の変動，都市化や産業拡大による森林や砂漠などの消滅，そして地域紛争や国際戦争などである．

第10章 病理学の概念

高校で学習した生物の知識の延長線上に，病の発症メカニズムを理解・解明するヒントがあり，そこに生命医科学を追究する醍醐味がある．第1章から第9章では，生物の正常な生命現象と，そこに乱れが生じた際のさまざまな疾病を紹介してきた．その基本となるのが病の本質（原因と成り立ち）を追究する学術分野である「病理学」である（図10.1）．

第10章では，病理学の基本を理解していただくために「病理学の概念」を説明する．

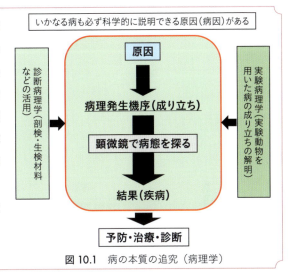

図10.1 病の本質の追究（病理学）

10.1 病理学とは

10.1.1 健康と病

生物学の目的のひとつは動物の正常な構造と機能を理解することである．正常とは，すなわち健康な状態といえる．では，健康とはいったいなんだろうか？ WHO憲章では「健康とは，肉体的，精神的及び社会的に完全に良好な状態」と定義している．一方，病は「健康状態を逸脱した状態」とされる．

病理学は，病の成り立ち（病理発生機序）を明らかにすることで，病の本質を追求する学問である．「正常な生命現象が，もし異常になれば，どのような病が起こるのか…」を，考え続ける思考力が，生命医科学分野を目指す学生・研究者にとって重要となる．

10.1.2 細胞病理学説（ウィルヒョウの教え）

ベルリン大学の病理学教授であったルドルフ・ウィルヒョウ（1821〜1902）は，「細胞は細胞から生じ，細胞および細胞群の変化が疾病である」とする「細胞病理学説」を提唱した．この概念は現代の病理学の礎になっており，細胞の異常を見極めることが病理学の本質ともいえる．

またウィルヒョウは"*Between animal and human medicine there is no dividing line-nor should there be.*"とも述べ，当時すでにOne Healthに近い概念を提唱している．

10.1.3 病理学的検査方法

顕微鏡は，細胞や組織を拡大して観察する器機で，光学顕微鏡では20〜1,000倍程度拡大し観察することができる（図10.2）．細胞小器官など細胞レベルの微細構造を観察するには，電子線を用いることで5,000〜10万倍程度の分解能のある透過型電子顕微鏡を使用する．また，組織や細胞の表面に電子線を走らせ，立体的な像を観察できるのが走査型電子顕微鏡である．

光学顕微鏡で観察するには，細胞や組織を染色する必要がある．通常は動物の組織を3〜10μm程度に薄く切り，ヘマトキシリン・エオジン

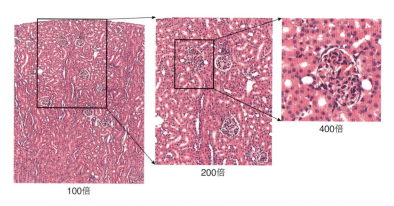

図 10.2　光学顕微鏡で観察する組織像のおおよその倍率（目安）
腎臓のヘマトキシリン・エオジン（HE）染色の組織像.

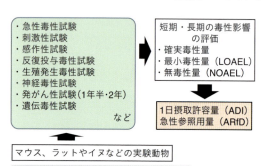

図 10.3　農薬の毒性試験の概要

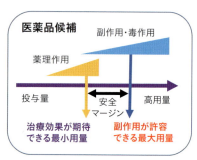

図 10.4　医薬品の安全マージンの概念

（HE）染色を施したプレパラート標本を作る（図10.2）．ヘマトキシリンは核を紫色に，エオジンは細胞質を赤く染める．ほかにも脂肪変性やアミロイド変性などある特別な変化を染め分ける特殊染色，抗原抗体反応を用いた免疫組織化学染色法などもある．

10.1.4　毒性病理学

「全ての物質は毒であり，毒でないものなど存在しない」とは，16世紀スイスの化学者パラケルススの金言である．水（水中毒）や酸素（活性酸素による酸化ストレス）でさえ毒になる．毒性病理学は，医薬品や農薬などの化学物質の開発において，生体に取り込まれた際の負の影響（毒性変化）を，科学的に追究する学問である．

化学物質の開発においては，安全性を評価するために，実験動物に投与する毒性試験が行われる

（図10.3）．その成績に基づいて，確実毒性量，最小毒性量（LOAEL），無毒性量（NOAEL）が決められる．農薬では，無毒性量に基づいて1日摂取許容量（ADI：生涯にわたって毎日摂取し続けたとしても健康への悪影響がないと推定される摂取量）が，急性の毒性影響に基づき急性参照用量（ARfD：24時間又はそれより短時間の経口摂取により健康に悪影響を示さないと推定される摂取量）が求められる．医薬品では，動物実験に加え，ヒトを対象とした治験の成績を含め，「治療効果が期待できる最小用量」と「副作用が許容できる最大用量」の間の安全マージンが決められる（図10.4）．

10.2　病　　因

すべての疾病には必ず原因（病因）がある（図10.1）．病因は，内因と外因，あるいは，主因と誘因に分けられる（表10.1）．

表 10.1 病因の分類

1. 内因と外因
   - 内　因：原因が個体自体に存在
     性差，年齢，人種，遺伝的要因，免疫機能，アレルギー体質など
   - 外　因：個体を取り巻く環境中に原因が存在
     物理的要因：外力，温熱，放射線，電流・磁力，光線，気圧など
     化学的要因：薬物，毒物，強酸・強アルカリ物質など
     栄養的要因：炭水化物・タンパク質・脂質などの代謝異常，ビタミン欠乏・過剰など
     感　染　症：ウイルス，細菌，真菌（カビ），原虫，寄生虫，異常プリオン

2. 主因と誘因
   - 主　因：病の成立に不可欠な病因
   - 誘　因：主因の作用を増強する因子

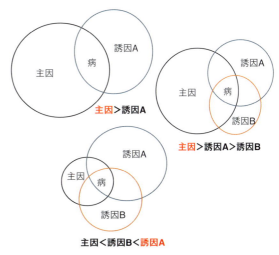

図 10.5　主因と誘因の相互関係のかかわり方による病の発症

10.2.1　内因と外因

内因とは身体の中にある原因のことで，年齢，性差，人種，さらには遺伝子や染色体，免疫機能やアレルギー体質などが含まれる．

外因には，放射線や熱などの物理的因子，誤用した薬，毒物などの化学的因子，栄養素の過剰や欠乏などの栄養性因子，そしてウイルス，細菌などの感染因子がある．

10.2.2　主因と誘因（図10.5）

病気を引き起こす最も重要な原因を主因といい，主因の作用を増強する副次的な病因を誘因という．主因の影響が軽度であっても，誘因により発症し，重篤となることがある．

10.3　細胞傷害の基本メカニズム

細胞傷害の程度は，傷害因子の種類・作用期間・強度により影響を受ける．基本的な傷害機序には以下の5つがある（図10.6）．

10.3.1　虚血・ミトコンドリア機能障害

虚血は，血液中の酸素の欠乏状態で，ミトコン

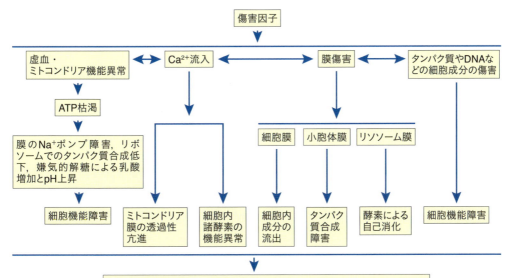

図 10.6　細胞傷害の基本メカニズム

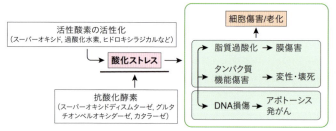

図 10.7　酸化ストレスと細胞傷害

ドリアでの細胞呼吸に機能障害が引き起こされ，ATP産生が低下する．その結果，ナトリウムイオンのポンプ障害による細胞内への水やCa^{2+}の流入，リボソームでのタンパク質合成低下，嫌気的解糖による乳酸の増加とpHの上昇などが生じる．特に，Ca^{2+}の流入やミトコンドリア機能障害では，カスパーゼの活性化が起こり，アポトーシスによる細胞死などが誘導される．

10.3.2　Ca^{2+}の流入異常

ATPの枯渇や膜傷害と関連しCa^{2+}が細胞質に流入すると，Ca^{2+}依存性の酵素が活性化する．特に，プロテアーゼやホスフォリパーゼなどの活性化により細胞成分が分解されることから細胞機能の障害が進む．

10.3.3　膜傷害

ATP枯渇や酵素の過剰な活性化が進むと膜の構成成分であるリン脂質の合成阻害や透過性に異常が生じる．その結果，細胞，ミトコンドリア，リソソームや小胞体などの膜構造が傷害され，細胞小器官の機能に異常が生じる．

10.3.4　タンパク質やDNAなどの細胞成分の機能障害

傷害因子が，細胞の構成成分であるDNAやタンパク質などと結合したり，その合成を阻害することがある．その結果，細胞機能に異常が生じる．

10.3.5　酸化ストレスと細胞傷害（図10.7）

ミトコンドリアで行われる電子伝達系の副産物として活性酸素が生じる．活性酸素の中でもスーパーオキシドやヒドロキシラジカルはフリーラジカルといわれ，不安定な不対電子を有することから，タンパク質や核酸といった生体分子を傷害する．一方，細胞内には，活性酸素を除去する抗酸化酵素が存在する．また，ビタミンA，ビタミンC，ビタミンE，ポリフェノール類などはフリーラジカルの産生抑制や除去に働く抗酸化物質として知られる．

細胞において，活性酸素が処理し切れなくなり，細胞への悪影響が生じる状態を「酸化ストレス」という．活性酸素は，細胞の傷害や老化，さらには発がんにもかかわるとされる．

炎症細胞である好中球やマクロファージなどの食細胞では，ファゴソーム膜のオキシダーゼ酵素により産生されたスーパーオキシドから過酸化水素がつくられ，さらにミエロペルオキシダーゼにより次亜塩素酸へと変換される．これらは病原体の殺傷に働くが，過剰な放出は周囲の正常細胞を損傷し，細胞死や炎症を導く．

10.4　病理学的評価法

細胞を傷害する因子により細胞や組織にはさまざまな変化が誘導される．軽度であれば正常な状態に復することができるが，傷害が高度であれば，不可逆的な機能異常や細胞死につながる．変化の程度はいくつかの病変に分類して評価される（表10.2）．

10.4.1　細胞の傷害と死（受け身の病変）

傷害因子の作用により細胞や組織には受け身の病変が生じる．

表 10.2　病変の分類

1. 細胞の傷害と死（受け身の病変）：萎縮・肥大，変性（タンパク質／脂質／糖質／核酸／色素／カルシウムなどの代謝異常），細胞死（ネクローシスやアポトーシス）
2. 組織の修復と再生：幹細胞の関与，肉芽組織，線維化，化生，上皮−間葉転換，創傷治癒，骨折治癒，末梢神経の再生
3. 循環障害：充血，うっ血，水腫，虚血，梗塞，出血，血栓症，塞栓症
4. 炎症（発赤，腫脹，疼痛，熱感，機能障害）
   （1）炎症細胞：好中球，好酸球，好塩基球／肥満細胞，マクロファージ，リンパ球，線維芽細胞／筋線維芽細胞
   （2）炎症の分類：漿液性，線維素性，出血性，化膿性，壊死性／壊疽性，肉芽腫性
5. 腫瘍：良性腫瘍，悪性腫瘍（癌腫・肉腫など）
6. 先天異常：染色体異常，遺伝子異常，環境要因による形態学的／代謝的異常
7. 老化：生理的（加齢性）老化，病的老化

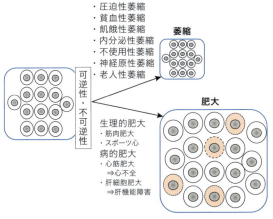

図 10.8　細胞萎縮と肥大

（1）萎縮と肥大（図10.8）

　細胞のサイズが縮小したり，数が減少した状態が萎縮である．周囲からの圧縮による圧迫萎縮，ホルモン異常による内分泌性萎縮，老化に伴う老人性萎縮などがある．筋肉や骨では不使用性萎縮もある．

　一方，肥大は細胞のサイズが増す変化である．運動選手には骨格筋肥大やスポーツ心（左心肥大）などの生理的肥大がみられる．肥大は刺激に対する適応反応でもあるが，過剰で持続的な刺激は病的肥大を導く．循環障害での慢性的な心筋肥大は心不全の原因になる．また，肝細胞では，薬物摂取により薬物代謝酵素が活性化すると滑面小胞体が増生し肥大が生じる．

（2）変　性

　代謝の過程において，異常な物質が出現したり，あるいは本来存在する物質でも異常な量が蓄積することがある．これが変性である．遺伝的な酵素欠損や外的損傷因子が原因となる．

①タンパク質代謝異常

　タンパク質の立体構造が変化し，βシート構造に富む不溶性アミロイドが沈着するアミロイド変性（図10.9B）や，血漿中の免疫グロブリンなどのタンパク質が血管壁に浸み込んで沈着する類線維素変性（多発性結節性動脈炎の病態）などがある．

②糖質代謝異常

　糖尿病，クッシング症候群や遺伝性糖原病など，血糖値の異常な上昇を伴い，肝細胞にグリコーゲンの過剰な蓄積（グリコーゲン変性（図10.9C））が生じる．

③脂質代謝異常

　食物の摂取と消費のバランスが悪いと体内に脂肪が蓄積し，肥満となる．肥満では肝臓に中性脂肪（トリグリセリド）が蓄積し脂肪変性（図10.9D）が生じる．これが過剰になると脂肪肝となり，重度となると肝機能障害が生じる．脂質代謝障害である高コレステロール血症では，動脈壁にコレステロールや脂質成分を貪食したマクロファージが集積しアテローム（粥腫）を形成し，進行するとアテローム性動脈硬化症が生じる．

④核酸代謝異

　核酸のプリン体塩基であるアデニンやグアニンが代謝されると最終産物として尿酸が生成され，腎臓から尿となって排泄される．プリン体の代謝

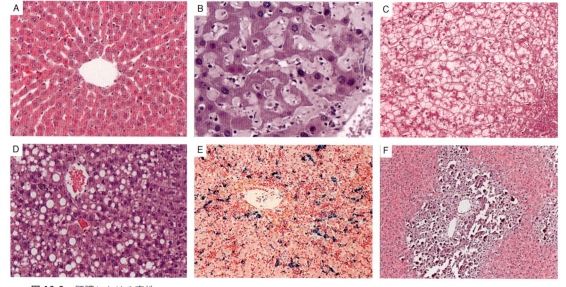

図 10.9　肝臓における変性
A：正常な肝組織, B：アミロイド変性, C：グリコーゲン変性, D：脂肪変性, E：ヘモジデローシス（鉄染色）, F：異栄養性石灰沈着

障害では, 特にヒトでは, 高尿酸血症となり, 尿酸塩が手足の関節などに沈着することがある. 尿酸塩は針状の結晶で, 周囲に炎症反応が生じ, 激しい痛みを伴う. これが痛風である（1.8.1参照）.

⑤色素代謝障害

赤血球には生体内色素であるヘモグロビンがある. 赤血球が大量に崩壊される溶血性疾患（大量の輸血, 溶血毒素や自己免疫性溶血性貧血など）では, ヘモグロビンの代謝産物である鉄を含むヘモジデリンが全身に沈着することがあり, 全身性ヘモジデローシス（図10.9E）という. また, ヘモグロビンに由来するビリルビン（胆色素）の代謝過程の異常により血液中にビリルビンが増加（高ビリルビン血症）し, 全身組織にビリルビンが沈着する病態が黄疸である（5.8.2参照）.

⑥カルシウム代謝異常

カルシウム塩が体内組織に異常に沈着するのが病的石灰化といわれるカルシウム代謝異常である. 異栄養性と転移性の石灰沈着がある. 異栄養性石灰沈着は, カルシウム塩が壊死や変性した組織に沈着する石灰化（図10.9F）で, 転移性石灰沈着は, 原発性/続発性（腎性）上皮小体機能亢進症, ビタミンD過剰症や骨組織の破壊を伴う悪性腫瘍（骨肉腫や骨転移腫瘍）などによる高カルシウム血症に伴う石灰化である.

(3) ネクローシスとアポトーシス

病理学的な細胞死には, ネクローシスとアポトーシスがある. ネクローシスは受動的に生じる細胞の組織壊死で, アポトーシスは能動的な孤在性の細胞死である（表10.3）.

①ネクローシス（図10.10A）

ある領域の細胞集団が塊状に死に至る現象で, 細胞が膨化することで, その周囲に炎症反応が生じる. ネクローシスには, 細胞の形がある程度保たれた状態の凝固壊死（図10.10A）と, 細胞が液化する融解壊死（液化壊死）がある. 前者は, 心筋や腎臓の梗塞病変で, 後者は脳梗塞での脳軟化でみられる（図10.11）. また, 結核結節では, 凝固壊死が融解した乾酪壊死がみられる.

②アポトーシス

アポトーシスは, プログラムされた細胞死で, 生理的細胞死と病的な細胞死（図10.9B）がある. 前者は胎児期の手の水かきが消失する現象など, 後者は放射線や抗がん剤などによる毒性変化にお

表10.3 ネクローシスとアポトーシス

	ネクローシス	アポトーシス
生体における意義	常に病的	生理的細胞死と病的細胞死
細胞の変化	膨化し，内容物の細胞外への放出，核は融解・濃縮・崩壊	縮小し，内容物は放出されない，核は断片化（アポトーシス小体）
死細胞の分布	組織のある領域の細胞集団（塊状）に生じる	組織内に散在（孤在性）
炎症反応	あり	なし（マクロファージに貪食され排除）
メカニズム	受動的	能動的

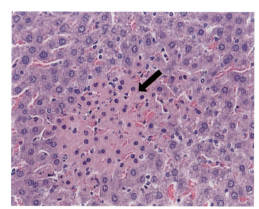
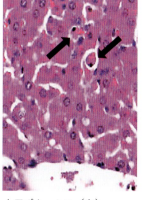

図 10.10 肝細胞におけるネクローシス（左）とアポトーシス（右）

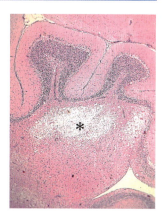

図 10.11 小脳の脳軟化病変（＊）の組織像

図 10.12 皮膚の創傷治癒過程

いてみられる．細胞の縮小と断片化（アポトーシス小体）が特徴である．アポトーシス小体はマクロファージに貪食され排除される．

10.4.2 組織の修復と再生

組織や臓器が損傷を受けると，新たな細胞に置き換えられることで組織が修復される．この過程を再生という．なお，再生過程に異常が生じ，元と異なる組織に変わる現象として「化生」や「上皮-間葉転換」が知られている．

(1) 創傷治癒（図10.12）

皮膚が創傷を受けると，生体反応により修復がはじまる（修復機転）．その過程を創傷治癒とい

い，創傷→炎症期（炎症相）→増殖期（増殖相）→修復期（修復相）がある．

炎症期では，損傷組織に対して，好中球やマクロファージなどの炎症細胞が浸潤し，壊死した細胞が除去されるとともに，栄養を供給する毛細血管が増えてくる（血管新生）．増殖期では，血管新生を伴い，膠原線維（コラーゲン）を産生する線維芽細胞/筋線維芽細胞が増生する．この時期は損傷部位が水腫となり少し盛り上がり赤く見える．このような組織を肉芽組織という．肉芽組織の表面では表皮が再生され始める（上皮化）．修復期では，肉芽組織を構成する炎症細胞や血管が

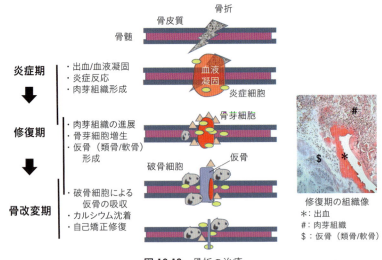

図 10.13　骨折の治癒

減少し，水腫も消失する．損傷部位に線維芽細胞／筋線維芽細胞から産生された膠原線維が集積し線維化が進むことで白く硬い組織になる．これが瘢痕組織で，そのうち消失し元の組織に復する（完全治癒）．一方，損傷がひどく，また細菌感染等が生じ傷口がなかなか元通りにならない状態が不完全治癒である．

内臓の損傷でも創傷治癒と同様の機序が働くが，慢性的に繰り返される組織傷害では膠原線維が徐々に増生して臓器の機能障害が生じる．肝硬変や腎線維化（萎縮腎）が知られている．

(2) 骨折の治癒（図10.13）

骨組織は再生能が高い．骨折の再生は炎症期→修復期→骨改変期と推移する．炎症期では，骨折部位に出血とマクロファージなどの炎症細胞が反応し，肉芽組織が形成され始める．修復期では，肉芽組織内に浸潤増生した骨芽細胞からモザイク状に類骨・軟骨組織が形成され仮骨がつくられる．骨改変期では，仮骨が破骨細胞により徐々に吸収される一方で，カルシウムが沈着することで硬い骨質が形成され徐々に元の骨の形状に自己矯正されることで，骨折が治癒する．

(3) 末梢神経（運動神経）の再生（図10.14）

末梢神経が切断されると，切断部位から遠位端の軸索と軸索を包む髄鞘が変性し崩壊する（ワーラー変性）．一方，切断部位に残されたシュワン細胞は増殖し，軸索の切断端がシュワン細胞に沿って伸び始める．伸びた軸索の末梢が横紋筋の神経筋接合部を形成することで再生が完了する．損傷が激しく，軸索の再生が不完全になると，軸索断端とシュワン細胞が不規則に絡み合い結節状となる．これを（切）断端神経腫という．神経筋接合部が再生されない時には，支配下領域の横紋筋に神経原性群萎縮が生じる．ワーラー変性は，傷害された中枢神経組織においても見ることがある．

(4) 幹細胞と再生医療

傷害組織の再生には，再生の源になる細胞（幹細胞）が必要となる．自己あるいは他者の幹細胞を用いて，ある特定の細胞や組織を人為的に作り出して組織や臓器を修復する治療が再生医療である．「体性幹細胞」「胚性幹（ES）細胞」「iPS細胞（人工多能性幹細胞）」の3種類の幹細胞が現在研究されている．

体性幹細胞は体内に存在し，限定的ではあるがある程度の多分化能を持つとされる．良く知られているのは造血幹細胞で，赤血球や白血球などの血液細胞に分化する．皮膚の創傷治癒の上皮化（表皮の再生）には，表皮幹細胞である基底細胞

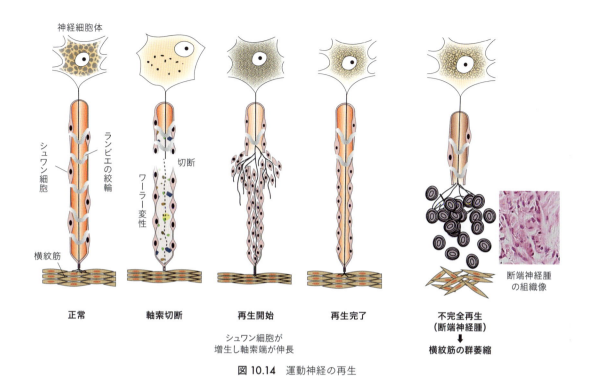

図10.14　運動神経の再生

や毛包バルジにある上皮幹細胞がかかわる．骨髄や脂肪組織に存在する体性幹細胞を再生医療の素材に利用することが研究されている．

　ES細胞やiPS細胞はさまざまな組織や細胞を作り出す能力を持つ"多能性幹細胞"である．ES細胞は受精卵の胚盤胞を用いることから，その利用には倫理的な課題がある．iPS細胞は，体細胞に人工的に遺伝子を組み込むことで作製された多分化能幹細胞で，再生医療に向けて盛んに研究されている．しかし，作製する際に未分化な細胞が残ると，奇形腫（外胚葉，中胚葉，内胚葉からなる腫瘍）が発生するリスクがあるとされる．

10.4.3　循環障害

　体液循環（図10.15・6.1節参照）は，身体の各組織に酸素や栄養素を運び，逆に組織から二酸化炭素や代謝物を運び出す役割がある．循環系の機能は生命維持において極めて重要である．

(1) 充血（図10.16）

　細動脈と毛細血管が拡張し動脈血が増加した状態が充血である．運動時の筋肉（熱感）や食物消

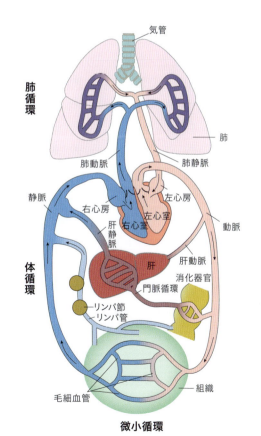

図10.15　体液循環

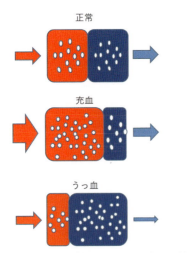

図 10.16　充血とうっ血（赤色が動脈血で青色が静脈血）

化時の消化管では生理的充血（機能的充血ともいう）が，炎症部位ではヒスタミンにより血管が拡張する炎症性充血がみられる．

(2) うっ血（図10.16）

　毛細血管と静脈が拡張し，静脈血が増加して流れが悪くなった状態がうっ血である．チアノーゼはくちびるや指先などに生じる局所のうっ血で，冷たく腫れ紫色となる．全身性のうっ血はさまざまな疾患と関連する．慢性的な右心不全では，大静脈の血液がうっ滞することから，肝臓や脾臓が腫大し，腹水が溜まる．また，肝小葉中心部にうっ血が生じるため肝細胞が萎縮するうっ血肝となり，進行するとうっ血性肝硬変に至る．慢性左心不全では，肺動脈の血流が留まることから，肺にうっ血水腫が生じ，長引くと肺胞腔に漏出性出血が生じ，ヘモジデリン貪食マクロファージ（心臓病細胞とよばれる）が出現する．

(3) 虚血と梗塞

　虚血は，動脈の血流低下による局所の貧血状態（酸素や栄養素不足）である．血液の流れが減少することから白っぽくなる．動脈が閉塞することで組織が壊死し機能障害が生じる状態が梗塞で，脳梗塞，心筋梗塞，腎梗塞などがある．

(4) 出　　血

　赤血球が血管外に流出することを出血という．血管が破れる破綻性出血と，毛細血管の小孔から漏れ出る漏出性出血がある．破綻した血管の種類により動脈性出血，静脈性出血，毛細管性出血など，出血部位により皮下出血，喀血（気道からの出血），吐血（上部消化管からの出血）などと表現する．血液が局所的に溜まると血腫となる．心タンポナーゼは出血により心嚢に血液が溜まった状態である．

(5) 水腫（浮腫）

　組織間隙や体腔内に過剰に水分（漿液・リンパ液）が漏れ出た状態が水腫である．毛細血管のうっ血やリンパ液のうっ滞（リンパ管の閉塞や圧迫など）による水腫，飢餓・ネフローゼ症候群・肝機能障害などによる低アルブミン血症に伴う血漿浸透圧低下による水腫などがある．長時間立ったままの状態でも下肢に軽度の水腫が生じることがある．

(6) 血　栓　症

　血管内で血液が凝固する状態が血栓症である．血管内皮細胞の傷害，血流の異常な流れ，血液成分の変化により生じやすくなる．多くの血栓は，血管内で血小板，赤血球や白血球がフィブリンに絡むように形成されるが，播種性血管内凝固（DIC）では，フィブリンのみからなる血栓（フィブリン血栓あるいは微小血栓ともよぶ）（図10.17）が全身の毛細血管（特に腎糸球体や肺）に生じ，その後転じて出血が生じやすくなる．敗血症性ショックや低血量性ショックなどの際に生じる．

(7) 塞　栓　症

　血管内で栓子（詰まるもの）が血行を閉塞することを塞栓症という．動脈に生じた血栓による塞栓症では脳梗塞や心筋梗塞が，静脈に生じた血栓では肺血栓塞栓症が生じる．エコノミークラス症候群は，下肢の静脈にできた血栓が右心室を経由し肺動脈を塞栓する肺動脈血栓塞栓症である（図10.18）．潜水病では気体成分が，外傷や心臓マッサージによる骨折では骨髄中の脂肪組織が，悪性

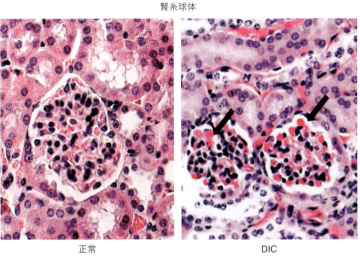
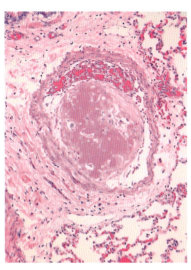

図 10.17　播種性血管内凝固（DIC）：腎糸球体の毛細血管にみられる微小血栓（右：矢印）

図 10.18　肺動脈の血栓塞栓症

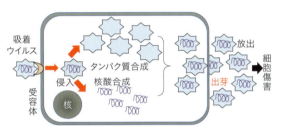

図 10.19　感染細胞でのウイルス粒子の合成

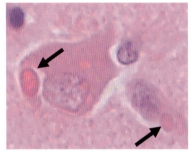

図 10.20　狂犬病ウイルスの神経細胞内の封入体（ネグリ小体：矢印）

腫瘍では腫瘍細胞が栓子になることがある．

10.4.4　炎　　症

炎症とは，傷害を受けた細胞・組織に対する生体の防御修復反応である．特徴的な症状として，発赤（赤くなる），熱感（熱がでる），腫脹（腫れる），疼痛（痛い），機能障害（働きが鈍る）の五主徴が現れる．

（1）炎症の原因

ウイルス，細菌，寄生虫などの病原微生物による感染症，虚血による組織壊死（心筋梗塞など），外傷（切り傷，トゲや針などによる傷），熱傷／凍傷や放射線などの物理的組織傷害，強酸・強アルカリ物質や毒物などの化学的組織傷害，また異常な免疫反応であるアレルギーや自己免疫疾患などがある．

（2）感染因子の特徴

①ウイルス

ウイルスにはDNA型とRNA型がある．感染した細胞内で自身を複製し，その後細胞外に放出されることで感染が広がる（図10.19）．ある種のウイルス感染では，細胞質や核内にウイルスが感染した証拠として封入体をみることがある．狂犬病ウイルスが感染した神経細胞の細胞質にはネグリ小体とよばれる封入体がみられる（図10.20）

②細　　菌

細菌は細胞壁を有する原核生物である．グラム染色により，細胞壁のペプチドグリカン層が厚いグラム陽性菌（ブドウ球菌や連鎖球菌など）と，薄いグラム陰性菌（大腸菌など）に大きく分けられる．また，生育に酸素を必要とする好気性菌と，

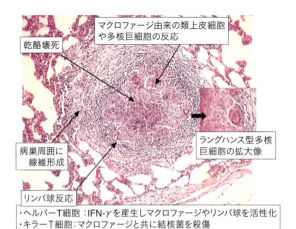

・ヘルパーT細胞：IFN-γを産生しマクロファージやリンパ球を活性化
・キラーT細胞：マクロファージと共に結核菌を殺傷

図10.21 結核結節の免疫性肉芽腫（Ⅳ型アレルギー反応）

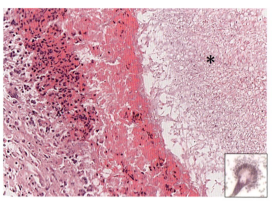

図10.22 肺のアスペルギルス感染病変
＊：網目状に増生する菌糸
右下：胞子を産生する頂嚢

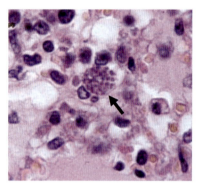

図10.23 トキソプラズマ症の肺組織での感染シスト

必要としない嫌気性菌，そして酸素があってもなくても増殖できる通性嫌気性菌に分類される．

細菌による細胞傷害には内毒素と外毒素がある．大腸菌O157は細胞壁の成分に内毒素であるLPS（リポポリサッカライド）をもち，これが胃腸炎やエンドトキシンショックを起こす．外毒素としては，黄色ブドウ球菌が食中毒の原因であるエンテロトキシンを，好気性菌のコレラ菌は胃腸炎を起こすコレラ毒素を産生する．また，皮膚に常在のブドウ球菌や連鎖球菌は傷口などから侵入し化膿性炎を引き起こし，結核菌の感染では免疫性肉芽腫を形成する（図10.21）．

③真菌（カビ）

真菌は真核生物で細胞壁を有する．真菌感染は免疫力が低下した個体で起こりやすく，日和見感染症として生じることが多い．呼吸器系などの内臓に感染する深在性真菌症の病原としてアスペルギルス（図10.22）やクリプトコッカスなどが知られている．また皮膚に感染する表在性真菌症としてはカンジダ症や水虫の白癬菌症などがある．

④原　　虫

単細胞性の真核生物で，赤血球に感染するマラリア原虫，ネコ科の動物を終宿主とするトキソプラズマ（図10.23）などがある．

⑤寄　生　虫

寄生虫は多細胞生物である．回虫や糸状虫などの線虫類，エヒノコッカスなどの条虫類（サナダムシのこと），日本住血吸虫などの吸虫類がある．

（3）炎症細胞

炎症細胞は，骨髄の造血幹細胞でつくられ，通常は血液中を循環しているが，炎症が生じれば，炎症部位の血管壁から遊出することで浸潤し，それぞれの役割を担う．

①好中球（小食細胞）（図10.24A）

比較的初期の炎症（急性炎症）でみられる．核はくびれて分葉状（分葉核）で，細菌や異物を貪食する．特に，細菌感染による化膿性炎症では中心となる．

②好酸球（図10.24B）

赤い顆粒（好酸性顆粒）を有し，寄生虫の感染

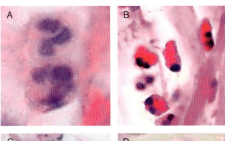

図 10.24　炎症細胞
　　　A：好中球，B：好酸球
　　　C：肥満細胞，D：マクロファージ

部位によくみられる．アレルギー性疾患でもみることがある．

③好塩基球／肥満細胞（図10.24C）

青い顆粒（好塩基性顆粒）を有する細胞で，血中を流れているのが好塩基球，結合組織に存在するのが肥満細胞（マスト細胞）とよばれる．顆粒に含まれるヒスタミンが刺激により放出されると，血管透過性が亢進し炎症性水腫を引き起こす．Ⅰ型アレルギー反応でみることが多い．

④血　小　板

骨髄の巨核球からつくられる無核の細胞片で，炎症部位で血液凝固に関与する．

⑤単球・マクロファージ（図10.24D）

骨髄幹細胞に由来する単球が，炎症部位に浸潤することで炎症性マクロファージとなる．貪食活性が高く，大食細胞ともよばれる．取り込んだ抗原を処理しリンパ球に提示する抗原提示能がある．脳の炎症部位では既存のミクログリアがマクロファージとして機能し，脂質成分の多い細胞残屑を貪食することから，脂肪顆粒細胞とよばれる．

⑥リンパ球

NK細胞，T細胞，B細胞がある．NK細胞はウイルス感染細胞やがん細胞などを攻撃する自然免疫に主にかかわる．T細胞とB細胞は獲得免疫において働く．ヘルパーT1細胞（Th1細胞）や細胞傷害性T細胞（キラーT細胞）は細胞性免疫にかかわる．Th2細胞の影響を受けたB細胞は形質細胞に分化することで抗体を産生し液性免疫に寄与する（7.6節参照）．

⑦線維芽細胞／筋線維芽細胞

線維芽細胞／筋線維芽細胞は，炎症により組織損傷が生じると，修復過程において損傷部位を補てん（繕う）するために出現するコラーゲンを産生する細胞である．特に，筋線維芽細胞は細胞骨格として収縮能があるα平滑筋アクチンを有し，傷口が広がらないように機能しているとされ，拘縮細胞ともよばれる．

（4）炎症メディエーター

炎症メディエーターとは炎症をコントロールする因子のことで，炎症細胞や血漿タンパク質に由来する．

肥満細胞から分泌されるヒスタミンやセロトニンは，血管透過性を亢進することで充血・水腫を引き起こすとともに，炎症での痛みの誘発にかかわる．ロイコトリエンは白血球の炎症部位への誘導にかかわる．また，炎症細胞間の情報伝達には低分子糖タンパク質であるサイトカインが関与する．

代表的なサイトカインには，インターフェロン-γ（IFN-γ），インターロイキン（IL），ケモカイン，腫瘍壊死因子（TNF）や細胞増殖因子（EGF，FGF，TGF-βなど）などがある．TNF-αやIL-6等の炎症反応を引き起こす炎症性サイトカインと，IL-10やTGF-βのような抗炎症性サイトカインがあり，細胞間で複雑な情報伝達を行っている．これをサイトカインネットワークとよぶ．一方，重篤な感染症などでサイトカインの反応が暴走する現象をサイトカインストームといい，敗血症ショックなどを引き起こす．血漿タンパク質に由来する補体も炎症メディエーターとし

表10.4 炎症の組織学的分類

炎症	特徴	例
漿液性炎	浸出液（血漿成分）を主体とした炎症で，軽度の炎症細胞の反応がみられる	漿液性カタル，アレルギー性鼻炎，軽度熱傷（水ぶくれ），皮膚のウイルス感染（水疱瘡），漿液性腹膜炎／胸膜炎
線維素性炎	フィブリン（線維素）の析出が顕著で，加えて血漿成分（血漿タンパク質）の漏出がみられる	線維素性心膜炎，線維素性肺炎，多発性動脈炎／動脈周囲炎（類線維素変性）
化膿性炎	好中球の浸潤が特徴の炎症で，多くは化膿性細菌の感染による	膿性カタル，蓄膿症，膿瘍，蜂窩織炎（ほうかしきえん：皮下組織の化膿性炎），化膿性腹膜炎，膿胸
出血性炎	血管破綻による顕著な出血により，炎症部位に多量の赤血球がみられる	大腸菌O157感染による出血性腸炎
壊死性炎／壊疽性炎	炎症因子による壊死が顕著であれば壊死性炎で，腐敗菌などの感染により壊疽に陥った際には壊疽性炎となる	胃潰瘍，壊死性腸炎，誤嚥性肺炎（壊死性／壊疽性肺炎）
肉芽腫性炎	マクロファージや，マクロファージ由来の類上皮細胞・多核巨細胞の集簇を主体とした限局性の病変で，攻撃的・防御的反応と修復性変化がみられる特殊な慢性炎症病変である．免疫性肉芽腫と異物性肉芽腫がある．	免疫性肉芽腫：遅延型（IV型）アレルギー反応が関与する病変で，結核結節やサルコイドーシスがある．異物性肉芽腫：生体にとって異物となる木片（皮膚深くに埋まりこんだ状態）や寄生虫の死滅虫体，尿酸塩結晶（痛風結節）やコレステロール結晶（コレステロール肉芽腫）などに対して形成される

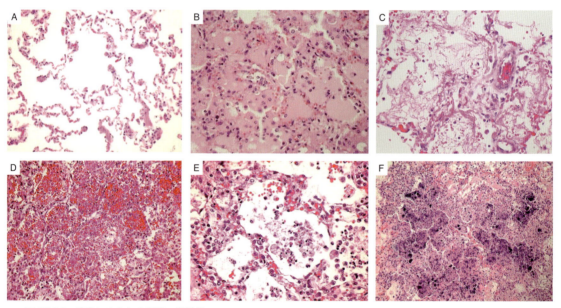

図10.25 肺炎にみられる炎症の組織像
A：正常な肺胞構造，B：漿液性炎，C：線維素性炎，D：出血性炎，E：化膿性炎，F：壊死／壊疽性炎

て働き，抗体とともに微生物表面への付着を介した病原体の殺作用や，マクロファージによる食作用を活性化するオプソニン効果などを有する（7.6節参照）．

(5) 炎症の組織学的分類

炎症因子に対する生体反応（水腫，出血，炎症細胞反応，修復反応など）の特性により，炎症は漿液性炎，線維素性炎，化膿性炎，出血性炎，壊死性炎／壊疽性炎，肉芽腫性炎に分類される（表10.2・表10.4・図10.25）．

漿液性炎，線維素性炎，出血性炎，化膿性炎，壊死性炎／壊疽性炎は，滲出性変化を主体とした急性炎症に分類されるが，炎症が長引くと修復機転が遅れ，肉芽組織の形成や線維化などの慢性的な病変へと移行することがある．このような滲出性変化は相互に移行したり，混在したりすること

で複雑な炎症像を示すことが多い. 肉芽腫性炎は慢性的な炎症で, 限局した特殊な結節性の病変を形成する. 排除し切れない病原体や異物に対する積極的な攻撃的・防御的反応に加え, 周囲には修復性の線維形成がみられる複雑な病変である. 免疫性肉芽腫 (図10.21：結核結節) と異物性肉芽腫がある.

10.4.5 腫瘍 (第8章参照)

腫瘍は, 「生体の調和に組み込まれない異常な細胞群 (組織の塊) の不可逆的・自律的な増殖」で, 遺伝子の異常により細胞周期が過剰に促進されることで形成される.

腫瘍は起源細胞との違いの程度 (異型度や分化度) に基づいて良性と悪性腫瘍に大別される. 悪性腫瘍には, 癌腫, 肉腫, 白血病, リンパ腫などがあり, 「がん」と総称される. がんは, 現在日本人では最も死亡率の高い病気となっている.

10.4.6 先天異常 (4.5節参照)

先天異常は, 出生時に認められる形態学的および代謝的異常のことで, 染色体や遺伝子の異常のような遺伝的要因と, 環境中に存在する外因が母体を通じ胎児に影響を与える環境的要因がある.

染色体の数の異常では, 第21番染色体のトリソミーによるダウン症候群が知られている. 遺伝性疾患はその多くが単一遺伝子の異常によるもので, 常染色体顕性遺伝病 (家族性大腸腺腫症など), 常染色体潜性遺伝病 (フェニルケトン尿症など), 伴性潜性遺伝病 (血友病など) に分けられる.

胎児の器官形成期に催奇形性のある病原体, 化学物質, 放射線などに曝露されると先天性形成異常 (奇形) が生じる可能性があることが知られている.

10.4.7 老 化

老化は「老いること」であり, 避けることのできない生命現象の一つである. 高齢化社会を向かえ加齢に伴い生じる疾患の理解が重要となっている.

(1) 老化の概念

老化とは, 生理機能や細胞機能が衰退することで, 細胞数の減少や臓器の萎縮がみられる. 年齢相当の身体的な衰退である生理的老化と, 比較的若い年齢で生じる病的老化がある.

(2) 老化の原因

病的老化には遺伝性要因が関与するとされ, 思春期を過ぎた頃から白髪, 脱毛, 白内障などが生じるウェルナー症候群が知られている.

一方, 生理的老化には, 細胞寿命と個体機能の低下がかかわっている. 細胞の寿命は, 酸化ストレスによる細胞内のタンパク質の変性, 酸化物質の蓄積による細胞機能の低下, テロメアの短縮による細胞分裂活性の低下などによって縮んでいく. テロメアの短縮により細胞は50回程度分裂するともう分裂できなくなるとされる. 個体レベルでは知覚や運動能力の減弱に加え, 免疫や内分泌機能の低下が生じ, 感染症や腫瘍が発生しやすくなる.

(3) 加齢に伴う疾患

加齢にともない潜在的な高血圧症による心肥大, ホルモン異常による前立腺肥大や骨粗しょう症, その他以下に記載するようなさまざまな加齢性疾患が生じる. 身体的・精神的な機能が衰え, 介護が必要となった状態のことをフレイルという.

① 中枢神経系

老化現象として脳全体が萎縮し, 認知などの高度の脳機能が低下する. 特に脳においてはタンパク質変性による神経変性疾患として, アルツハイマー病, ピック病, レビー小体病 (レビー小体型認知症とパーキンソン病) や前頭側頭葉変性症などの認知症が知られている. また, 脳梗塞やくも膜下出血による脳血管性認知症もある (7.8節参照).

② 骨格筋

老化現象の一つとして全身性の進行性の筋肉量の減少と筋力の低下を特徴とするサルコペニアがある. 筋力低下による嚥下障害は, 誤嚥性肺炎と

関連する.

③骨・関節

加齢に伴う骨の萎縮・脆弱化により背丈が縮み，背骨が弯曲する．関節軟骨が変性・損傷することで変形性関節症が生じやすくなる．女性では閉経後の女性ホルモンの減少により骨基質が低下することで骨粗しょう症や骨折が生じやすくなる．

④野生型トランスサイレチンアミロイドーシス

肝臓で合成されるタンパク質であるトランスサイレチンの代謝障害による全身性アミロイドーシスのことで，加齢に伴い発症する．アミロイドは全身の組織や臓器に沈着し，特に心筋，腎臓，肺や腱・靭帯などで目立つ．心筋への沈着は心不全の原因になるとされる．

⑤感覚器の加齢性疾患

加齢性白内障，加齢性黄斑変性症や加齢性難聴などがある．

10.5 動物愛護管理法

生物学では動物を実験に供することがある．病理学では，剖検（病理解剖）や生検材料などを用いた診断病理学と，実験動物を用いて病の発症メカニズムを解明する実験病理学が研究の二つの柱である（図10.1）．そのために，実験動物を扱う上での倫理の理解は必須である．

「動物の愛護及び管理に関する法律」（動物愛護管理法）は，1973年に制定された法律で，その後何度か改定され，2019年に最新の法改正が行われている．家庭動物，展示動物，産業動物（畜産動物），実験動物などの人の飼養にかかわる動物が対象になっており，特に「動物を科学上の利用に供する場合の方法（一部抜粋）」について以下のように述べられている．

「第四十一条　動物を教育，試験研究又は生物学的製剤の製造の用その他の科学上の利用に供する場合には，科学上の利用の目的を達することができる範囲において，できる限り動物を供する方法に代わり得るものを利用すること，できる限りその利用に供される動物の数を少なくすること等により動物を適切に利用することに配慮するものとする.」

この趣旨に基づいて，以下の三点（3Rs）が動物実験において要点なポイントとなる．

・Replacement（代替）：「できる限り動物を供する方法に代わり得るものを利用すること」

　　⇒意識・感覚のない低位の動物種，*in vitro*（試験管内実験）への代替，重複実験の排除

・Reduction（削減）：「できる限りその利用に供される動物の数を少なくすること」

　　⇒使用動物数の削減，科学的に必要な最少の動物数の使用

・Refinement（洗練）：「できる限り動物に苦痛を与えないこと」

　　⇒苦痛軽減，安楽死措置，飼育環境改善，データの精査など

これらの3Rsに加えて，研究者の責任「Responsibility」のRを加えて4Rsをここでは提唱しておきたい．「Responsibility」とは，実験により得られた調査研究の成果を，科学論文として世界に発信し，後世に残すことが重要であり，それに基づいてさまざまな研究者がヒントを得ることで新たな生命現象や病の成り立ちを発見する機会となる．これにより「研究の継続性・恒常性」が担保され，「人類の福祉と平和」に貢献できる財産となる．4Rsの根底として「生命の尊厳」の意識を常に持ち続けることが重要と考える．これは，さらに「研究・学問の平和利用」と，国際連合から提唱されている「持続可能な17の開発目標（Sustainable Development Goal：SDGs）」に通ずる．

索　　引

欧文

αヘリックス	6
ADI	130, 134
ADP	27
ATP	9, 27
ATP 合成酵素	33
A 細胞	69
B 細胞	69, 97, 145
B 細胞受容体	102
βシート	6
cAMP 系	89
DDT	130
DIC	142
DNA	9, 38
DNA 複製フォーク	39
DNA ポリメラーゼ	39
DNA メチル化	44
ES 細胞	141
FAD	28
G タンパク質共役型受容体	88
Hox 遺伝子	85
IgG	101
IP3-Ca²⁺ 系	89
iPS 細胞	140, 141
LPS	144
mRNA	40
NAD⁺	28
NADP⁺	28
NK 細胞	97, 99, 145
PCB	131
PM2.5	131
rRNA	40
ras 遺伝子	114, 119
RNA	9, 40
RNA ポリメラーゼ	41

3Rs	148
4Rs	148
SDGs	128, 148
SNP	45
TCA サイクル	30
Th1	97
Th2	97
Toll 様受容体	99
tRNA	40
T 管	62
T 細胞	97, 145
T 細胞受容体	100, 102
T リンパ球	97
Wilson 病	13
Z 膜	62

あ

アクアポリン	16
アクチン	62
アジソン病	94
アストロサイト	52
アスベスト	117, 131
アセチル CoA	30
アセチルコリン	55, 95
アセチルコリン受容体	96
圧覚	60
圧受容器	61
アデノシン三リン酸	9, 27
アテローム	137
アドレナリン作動性	95
アドレナリン受容体	95
アナフィラキシーショック	105
亜熱帯多雨林	125
アフラトキシン B1	117
アポ酵素	28
アポトーシス	119, 138
アミド結合	6
アミノアシル tRNA	41
アミノ基	5
アミノ酸	5
アミロイドーシス	7
アミロイド変性	137
アルコール発酵	29
アルツハイマー病	7, 111
アレル	38

アレルギー反応	104
アレルゲン	104
アロステリック酵素	28
暗順応	58
暗帯	62
アンチセンス	49
安定細胞群	113
アンテナ複合体	34
暗反応	20, 34
アンモニア血症	71
胃	67
異栄養性石灰沈着	13
異化	27
鋳型鎖	39
異型接合体	38
異型度	116
移行抗体	101
移行上皮	80
萎縮	137
移植	104
移植片対宿主病	104
異数性	48
イタイイタイ病	129
一塩基多型	45
Ⅰ型アレルギー	104
一次遷移	123
一次線毛	22
1 日許容摂取量	130
一酸化炭素中毒	77
遺伝子	38
遺伝子多型	44, 45
遺伝性疾患	47
遺伝的多様性	126
遺伝毒性	117, 120
イニシエーション	119
イノシトール三リン酸	88
異物	97
異物性肉芽腫	147
陰樹	123
インスリノーマ	2, 71
インテグリン	16
イントロン	43
ウイルス	143
ウェルニッケ脳症	11
ウォルフ管	82
うずまき管	59

うっ血	142
雨緑樹林	125
運動器系	61
運動終板	55
運動神経	52
運搬体	16
永久細胞群	113
永久凍土	123
栄養段階	122
液性免疫	99, 100
エキソサイトーシス	18, 19
エキソン	43
エコノミークラス症候群	77, 142
壊死性炎	146
エステル結合	2
エストロジェン	83
エネルギー運搬体	28
エピゲノム	44
エピジェネティクス	43, 119
エラスチン	25
エリスロポエチン	79
炎症	143
炎症細胞	144
遠心性神経	52
エンドサイトーシス	18
エンドソーム	19
黄体形成ホルモン	90
黄体ホルモン	83
黄疸	70, 138
横紋	62
岡崎断片	39
オキシダント	128
オキシトシン	89
オートファジー	19
オペロン	43
オリゴデンドロサイト	52
オルニチン回路	70
温室効果	128
温度覚	60

か

外因	135
壊血病	11
外呼吸	29
解糖系	29, 30
海馬	108

外胚葉	84	キーストーン種	122

外胚葉 84 ／ キーストーン種 122 ／ 原因遺伝子 47 ／ コドン 40
海綿状脳症 8 ／ 寄生虫 144 ／ 原核細胞 15 ／ コラーゲン 24
外来種 127 ／ 偽足 24 ／ 原核生物 15 ／ コリン作動性 95
化学受容器 61, 76 ／ 希突起膠細胞 52 ／ 嫌気的反応 29 ／ ゴルジ体 18
蝸牛管 59 ／ キネシン 23 ／ 健康 133 ／ コレステロール 3
核 19 ／ 気嚢 76 ／ 顕性遺伝子 38
核様体 15 ／ 輝板 58 ／ 原虫 144
核酸 8 ／ 基本転写因子 43 ／ 原尿 78, 79 ／ **さ**
核酸医薬品 49 ／ ギャップ 124 ／ 腱紡錘 61 ／ 再吸収 79
角質変性 7 ／ ギャップ結合 16 ／ 　 ／ 細菌 143
獲得免疫 97, 99 ／ 嗅覚 59 ／ 高アンモニア血症 70 ／ サイクリック AMP 88
核分裂 112 ／ 嗅球 108 ／ 高エネルギーリン酸結合 27 ／ サイクリン 113
下垂体門脈循環 73 ／ 嗅細胞 59 ／ 好塩基球 97, 145 ／ サイクリン依存性キナーゼ 113
カスケード 88 ／ 求心性神経 52 ／ 光化学系 34 ／ 再興感染症 132
ガストリン 67, 92 ／ 胸管 68 ／ 光学顕微鏡 133 ／ 最小毒性量 134
可塑性 107 ／ 凝固壊死 138 ／ 高カルシウム血症 13, 82 ／ サイズ・バリア 78
脚気 11 ／ 胸腺 98 ／ 交感神経 52, 94 ／ 再生 139
活性酸素 136 ／ 競争的阻害 28 ／ 好気の反応 29 ／ サイトカイン 145
活動電位 54 ／ 局所仲介型 87 ／ 荒原 123, 125 ／ 再分極 54
滑面小胞体 17 ／ 極相 123 ／ 抗原抗体反応 102 ／ 細胞外基質 24
カドヘリン 16 ／ 虚血 142 ／ 抗原提示細胞 99 ／ 細胞呼吸 30
カドミウム中毒 129 ／ 巨人症 93 ／ 抗原特異的細胞傷害 102 ／ 細胞骨格 22
化膿性炎 146 ／ 拒絶反応 104 ／ 光合成 33, 121 ／ 細胞質分裂 112, 113
過分極 54 ／ キラー T 細胞 97, 145 ／ 好酸球 97, 144 ／ 細胞周期 39, 112
可変領域 102 ／ 筋萎縮性側索硬化症 57 ／ 高山帯 125 ／ 細胞小器官 17
カーボンニュートラル 128 ／ 筋ジストロフィー 65 ／ 鉱質コルチコイド 92 ／ 細胞性免疫 99, 100
カルシトニン 92 ／ 筋線維芽細胞 145 ／ 甲状腺刺激ホルモン 90 ／ 細胞接着装置 15
カルビン・ベンソン回路 34 ／ 筋紡錘 61 ／ 後成遺伝学 43 ／ 細胞内共生説 20
カルボキシ基 5 ／ 　 ／ 酵素 27 ／ 細胞内膜系 17
カルモジュリン 64 ／ クエン酸回路 30 ／ 酵素共役型受容体 89 ／ 細胞病理学説 133
加齢性疾患 147 ／ クッシング症候群 94 ／ 梗塞 142 ／ 細胞分化 113
がん遺伝子 114, 118 ／ グランザイム 99 ／ 抗体 101 ／ 細胞膜 15
感覚器系 57 ／ グリア細胞 52 ／ 抗体依存性細胞介在性細胞傷害 ／ サイレント突然変異 45
感覚神経 52 ／ グリコーゲン 1 ／ 　100, 102, 105 ／ 杯細胞 67
眼球 57 ／ グリコーゲン変性 2, 137 ／ 抗体医薬品 103, 120 ／ 雑食動物 122
環境汚染 127 ／ グリコサミノグリカン 25 ／ 好中球 97, 144 ／ 砂漠 123, 125
環境形成作用 121 ／ グリコシド結合 1 ／ 後天性免疫不全症候群 104 ／ サルコペニア 66, 147
環境ホルモン 130 ／ グルコース 1 ／ 後頭葉 107 ／ 酸化ストレス 136, 147
がん原遺伝子 114, 118 ／ グルタミン酸 110 ／ 高尿酸血症 9, 71, 138 ／ Ⅲ型アレルギー 105
肝硬変 70, 140 ／ くる病 11 ／ 高ビリルビン血症 70 ／ 酸化的リン酸化 31, 33
幹細胞 140 ／ クレアチンリン酸 32 ／ 興奮 54 ／ 残余小体 19
感受性遺伝子 48 ／ クレブス回路 30 ／ 興奮性神経伝達物質 110 ／ 残留性 130
乾性遷移 123, 124 ／ グレリン 92 ／ 硬葉樹林 125 ／ 三連微小管 22
肝性脳症 70, 71 ／ クロイツフェルト・ヤコブ病 8 ／ 抗利尿ホルモン 79, 92 ／ シアノバクテリア 21
関節 62, 65 ／ クローディン 16 欠損症 17 ／ 光リン酸化 34 ／ 視黄 58
関節リウマチ 106 ／ 群萎縮 140 ／ 誤嚥性肺炎 77 ／ 視覚 57
肝臓 68 ／ 　 ／ 呼吸 29 ／ 色質融解 56
桿体細胞 58 ／ 形質細胞 97 ／ 呼吸器系 75 ／ 子宮筋腫 86
間脳 106 ／ 血液凝固系 74 ／ 黒質 108 ／ 糸球体 78
肝門脈 69 ／ 血液脳関門 52 ／ 個体形成 84 ／ 軸索変性 56
肝門脈循環 73 ／ 結合組織 25 ／ 骨格筋 62 ／ 刺激伝道系 63
がん抑制遺伝子 114, 118, 119 ／ 欠失 44, 45 ／ 骨硬化症 12 ／ 視紅 58
　 ／ 血小板 145 ／ 骨髄 98 ／ 自己受容器 61
記憶細胞 100, 101 ／ 血清療法 103 ／ 骨端軟骨 64 ／ 自己免疫疾患 106
器官形成期 49, 84 ／ 血栓症 142 ／ 骨折 140 ／ 脂質 2
奇形 49 ／ 血鉄素 13 ／ 骨組織 25 ／ 脂質二重層 15
基質 27 ／ 血糖値 96 ／ 骨粗しょう症 66, 148 ／ 視床下部 89
希少種 122 ／ ケラチン 23 ／ 骨軟化症 12 ／ ジストロフィン 65
汽水域 125, 126 ／ 腱 65 ／ 固定結合 16 ／ シス面 18

自然免疫	97, 98	食物網	122

自然免疫	97, 98	食物網	122	星状体	112	**た**	
膝蓋腱反射	11	食物連鎖	122	生殖器系	82		
湿原	123	女性ホルモン	83	性腺	82	体液	72
実験病理学	148	触覚	60	性腺刺激ホルモン	89	ダイオキシン類	130, 131
湿性遷移	123, 124	自律神経	52	生体エネルギー	27	体温	96
至適温度	27	自律神経系	94	生態系	121	胎芽	84
至適 pH	27	真核細胞	15	生態系サービス	126	大気汚染	127, 128
シトクロム c	32	心筋	63	生態系多様性	126	体細胞分裂	112
シナプス	55	真菌	144	生体触媒	27	胎児	84
視白	58	神経筋接合部	55	生態ピラミッド	122	代謝水	92
脂肪肝	3	神経系	52	生体膜	15	体循環	73
脂肪酸	2	神経原性群萎縮	66	成長板	64	大食細胞	145
脂肪組織	25	神経興奮毒性	110	成長ホルモン	89	体性幹細胞	140
脂肪変性	3, 137	神経細胞	52	生物	121	体性神経	52
主因	135	神経食現象	57	生物群集	121	大腸	67
間期	112	神経線維	52	生物多様性	126	ダイニン	23
重金属中毒	129	神経伝達物質	55	生物濃縮	130	大脳	106
充血	141, 142	神経変性疾患	111, 147	生理的老化	147	大脳基底核	109
シュウ酸塩腎症	80, 81	新興感染症	131	脊髄	109	大脳新皮質	107
重症筋無力症	106	人工免疫	103	赤道面	112	大脳辺縁系	108
従属栄養生物	121	人獣共通感染症	131	責任遺伝子	47	胎盤	84
周皮細胞	74	腎小体	78	接着結合	16	対立遺伝子	38
修復	40, 45, 139	腎性高血圧症	81	絶滅危惧種	122	多因子疾患	46, 48
粥状動脈硬化症	5	新生鎖	39	絶滅種	122	ダウン症候群	48, 147
主細胞	67	腎線維化	140	セルトリ細胞	83	多細胞生物	14
樹状細胞	98	心臓	73	セルロース	1, 24	多段階発がん説	119
受精	84	腎臓	78	セロトニン	60, 105, 145	脱髄	56, 57
種多様性	126	心臓病細胞	13, 142	遷移	123	脱炭素化	128
出血	142	腎単位	78	線維芽細胞	145	脱分極	54
出血性炎	146	診断病理学	148	線維性結合組織	25	多糖	1
受動輸送	16	塵肺症	77	線維素	74	多能性幹細胞	141
腫瘍	114, 147	心拍動	96	線維素性炎	146	タペタム	58
主要組織適合遺伝子複合体	100, 102	心不全	74	染色体	20, 38	単為生殖	82
受容体	88	針葉樹林	125	染色体突然変異	48	単一遺伝子異常	47
シュワン細胞	52, 54	侵略的外来生物	127	潜性遺伝子	38	単球	97, 145
循環器系	72	森林	123	選択的スプライシング	43	単細胞生物	14
循環障害	141	森林限界	125	前庭	59	炭酸脱水酵素	76
漿液性炎	146	随意筋	63	先天異常	44, 45, 147	炭酸同化	35
条件反射	110	水質汚濁	127, 128	先天性形成異常	49	単糖	1
小膠細胞	52	水腫	142	前頭側頭葉変性症	111	タンパク質	5
硝子滴変性	21	水腫変性	17	前頭葉	107	炭粉沈着	76
小循環	73	髄鞘	52	セントラルドグマ	40		
脂溶性ビタミン	10	膵臓	69	線毛病	24	チアノーゼ	142
脂溶性ホルモン	91	錐体外路	109	線溶系	74	チアミン	11
常染色体顕性遺伝病	47	錐体路	109			チェックポイント機構	113
常染色体潜性遺伝病	47	垂直分布	125	相観	123	遅延型アレルギー	106
小腸	67	膵島	69	造血幹細胞	97	置換	44
少糖	1	水平分布	125	草原	123	地球温暖化	127, 128
情動脳	106	水溶性ビタミン	10	創傷治癒	139	チャージ・バリア	78
小脳	106	水溶性ホルモン	91	草食動物	122	チャネル	16
消費者	121	スクロース	1	挿入	44, 45	中間径フィラメント	23
上皮組織	16	ステロイド	3	相補性決定領域	102	中心静脈	69
小胞体	17	スプライシング	43	側鎖	5	中心体	22
小胞体ストレス応答	21			側坐核	108	中心体分裂	112
静脈血	73	制限点	113	塞栓症	142	中枢神経系	52
照葉樹林	125	生産者	121	側頭葉	107	中胚葉	84
食細胞	99	静止電位	54	組織液	72	腸	67
植生	123	星状膠細胞	52	疎性結合組織	25	聴覚	59
				粗面小胞体	17	長管骨	64

聴細胞 59
腸絨毛 67
調整部位 28
跳躍伝導 54
チラコイド膜 33

痛覚 60
痛風 9, 138
ツンドラ 123, 125

定常領域 102
デオキシリボ核酸 9
適応免疫 97, 99
適刺激 57
デスミン 23
デスモグレイン 17
デスモゾーム 16
テロメア 40, 119, 147
転移 117
転移性石灰沈着 13, 82
電子伝達系 30, 136
転写 40, 41
転写 RNA 40
転写調節 43
伝導 54
点突然変異 45
デンプン 1
天疱瘡 17
伝令 RNA 40

同化 27
透過型電子顕微鏡 133
同型接合体 38
動原体 112
糖質 1
頭頂葉 107
糖尿病 2, 94
動物愛護管理法 148
洞房結節 63
動脈血 73
毒性病理学 134
特定外来種 127
独立栄養生物 121
都市化 127
土壌汚染 128
突然変異 44
トランス面 18
トリグリセリド 2
トリプレットリピート病 47
トロポニン 62

な

内因 135
内臓筋 63
内毒素 144
内胚葉 84
内分泌かく乱物質 130
内分泌型 87
内分泌系 89

ナチュラルキラー細胞 97, 99
ナトリウムポンプ 17
鉛中毒 129
軟化 111
軟骨 64, 65
軟骨組織 25
ナンセンス突然変異 45
難聴 61

II型アレルギー 105
肉芽腫性炎 146
肉芽組織 139
肉食動物 122
二次構造 6
二次遷移 124
乳酸発酵 29
乳び管 67
ニューロパチー 97
ニューロン 52, 54
尿細管 78
尿酸塩 9
尿毒症 81
尿崩症 93
二連微小管 22
認知症 111

ヌクレオソーム 19, 38
ヌクレオチド 8

ネガティブフィードバック機構 91
ネクローシス 138
熱帯多雨林 124
熱帯林 127
ネトーシス 99
ネフローゼ症候群 80
ネフロン 78

脳 106
脳下垂体 89
脳幹 106
農業 127
脳梗塞 110
脳死 111
能動輸送 17
ノルアドレナリン 55, 95

は

肺 75
肺炎 77
バイオーム 124
肺気腫 76
胚子 84
肺循環 73
倍数性 48
胚性幹細胞 140
胚盤胞 84
肺胞 75
肺胞マクロファージ 75

パーキンソン病 111
白内障 61
破骨細胞 64
橋本病 106
バセドウ病 93, 106
バソプレシン 79, 89, 92, 93
発酵 29
パーフォリン 99
パラソルモン 92
半規管 59
反射弓 110
反射脳 107
播種 117
播種性血管内凝固 142
伴性顕性遺伝病 47
伴性潜性遺伝病 47
パンデミック 131
半保存的複製 39

ヒアルロン酸 25
微小管 22
微小線維 23
ヒスタミン 60, 105, 145
微生物 122
非生物的環境 121
肥大 137
ビタミン類 10
必須アミノ酸 6
必須脂肪酸 3
必須ミネラル 12
泌尿器系 78
ピノサイトーシス 18
皮膚感覚 60
被捕食者 122
肥満細胞 97, 145
ビメンチン 23
病の石灰化 13, 138
病的老化 147
病理学 133
病理発生機序 133
日和見感染症 144
B リンパ球 97
ヒル反応 34

ファゴサイトーシス 18
不安定細胞群 113
フィードバック調整 28
フィブリン 74
フィブロネクチン 25
封入体 143
富栄養化 127, 128
不応期 54
フォールディング 42
復元力 126, 127
副交感神経 52, 95
副腎皮質刺激ホルモン 90
複製 40
不随意筋 63
腐敗 29

不飽和脂肪酸 3
プラスミン 74
プリオン病 8
フレイル 147
フレームシフト突然変異 45
プログレッション 119
プロゲステロン 83
プロセシング 42
プロテオグリカン 25
プロテオバクテリア 21
プロトロンビン 74
プロトン駆動力 32, 33
プロモーション 119
プロモーター領域 43
プロラクチン 89
分解者 121, 122

平滑筋 63, 64
平衡覚 59
壁細胞 67
ヘテロ接合性の消失 119
ペプシン 67
ペプチジル tRNA 42
ペプチド 6
ペプチド結合 6
ヘマトキシリン・エオジン染色 133
ヘミデスモゾーム 16
ヘム 7
ヘモシアニン 76
ヘモジデリン 13
ヘモジデローシス 13, 138
ヘルパー T 細胞 97
変異 44
変形性関節症 26, 66, 148
変性 137
扁桃体 108
扁平骨 64

膀胱 80
傍細胞 67
房室結節 63
紡錘体 113
胞胚 84
飽和脂肪酸 3
補酵素 27, 32
捕食 122
補助色素 34
補体 99
骨 62, 64
ボーマン嚢 78
ホメオティック遺伝子 85
ホメオドメイン 85
ホメオボックス 85
ポリヌクレオチド 9
ポリペプチド 6
ホロ酵素 28
翻訳 40, 41

ま

マイクロ RNA	43
マクロファージ	98, 145
マスト細胞	145
末梢循環	73
末梢神経系	52
末端肥大症	93
マングローブ林	125, 126
慢性腎臓病	81
ミエリン鞘	52
ミオグロビン	62
ミオシン	62
味覚	60
ミクログリア	52, 145
味細胞	60
ミスセンス突然変異	45
ミスマッチ修復	45
密着結合	16
ミトコンドリア	20
ミトコンドリア病	22, 36
水俣病	129
ミネラル	12
ミュラー管	82
無条件反射	110
無性生殖	82
無毒性量	134
明順応	58
迷走神経	95
明帯	62
明反応	20, 34
メチル水銀中毒	129
メモリー細胞	100
免疫寛容	104
免疫グロブリン	101
免疫系	97
免疫性肉芽腫	147
免疫複合体	102
免疫不全症候群	104

や

夜盲	58
毛細血管	74
毛細リンパ管	67
網膜	57
モータータンパク質	23
門脈循環	73
誘因	135
有機リン剤中毒	97
有性生殖	82
優占種	123
有毛細胞	59
輸尿管	80
陽樹	123
葉緑体	20
四次構造	7
IV型アレルギー	106

ら

ライディッヒ細胞	83
ラギング鎖	39
ラミニン	25
ランゲルハンス細胞	99
ランゲルハンス島	69
リガンド	88
理性脳	106
リソソーム	18
リソソーム病	21, 35
リーディング鎖	39
リボ核酸	9
リボソーム	17
リボソーム RNA	40
リポフスチン沈着	22
リポポリサッカライド	144
流動モザイクモデル	15

緑内障	61
林冠	123
リン脂質	3
林床	123
リンパ管	74
リンパ球	145
リンパ循環	73
ルビスコ	35
レジリエンス	126, 127
レッドリスト	122
レニン	79
レビー小体病	111
レプチン	92
連結結合	16
老化	147
ろ過	78, 79
ロドプシン	58
ろ胞刺激ホルモン	90

わ

ワクチン	103
ワーラー変性	140

著者略歴

山手丈至

1955年　広島県に生まれる
1981年　山口大学大学院農学研究科修士課程修了（獣医学）
1991年　博士（農学）：東京大学大学院農学系研究科（論文博士）
2009年　大阪府立大学生命環境科学研究科獣医学専攻 教授
現　在　大阪府立大学（現：大阪公立大学）名誉教授

Translational 生物学
―病から学ぶ生命のしくみ―　　　　　　　定価はカバーに表示

2025年4月5日　初版第1刷

著　者　山　手　丈　至

発行者　朝　倉　誠　造

発行所　株式会社　朝　倉　書　店

東京都新宿区新小川町 6-29
郵便番号　162-8707
電　話　03（3260）0141
F A X　03（3260）0180
https://www.asakura.co.jp

〈検印省略〉

© 2025〈無断複写・転載を禁ず〉　　シナノ印刷・渡辺製本

ISBN 978-4-254-17201-0　C 3045　　Printed in Japan

JCOPY ＜出版者著作権管理機構 委託出版物＞

本書の無断複写は著作権法上での例外を除き禁じられています．複写される場合は，
そのつど事前に，出版者著作権管理機構（電話 03-5244-5088，FAX 03-5244-5089，
e-mail: info@jcopy.or.jp）の許諾を得てください．